JN064731

四日市港ができるまで

―四日市港の父・稲葉三右衛門と修築事業―

石原 佳樹

文芸社

はじめに

みなさんは常識や定説とされていることに違和感を覚えたことはありますか。

私を四日市築港史の研究にのめり込ませたのは、この違和感だったのではないかと思います。

大学の卒業論文で、幕末期の四日市港と内海船（うつみぶね）をめぐる流通をテーマにしました。当時、日本福祉大学知多半島総合研究所にいらっしゃった青木美智男先生と斎藤善之先生にお世話になり、内田佐七家文書（さしちけもんじょ）を分析しました。そこでは何艘もの内田佐七家の所有廻船（かいせん）が四日市港に出入りし、肥料や米穀類の取引をしていたのです。

ところが、この時期の四日市港は一八五四（嘉永（かえい）七＝安政（あんせい）元）年の二度の地震で大きな被害を受け、船の出入りが困難になっているはずなのです。しかし、実際には多くの船が入港していて四日市港で活発な商活動が行われていました。この辻褄（つじつま）が合わないモヤモヤとしたものが最初に覚えた違和感でした。

卒業後、七年間県立高校の教員生活を送ったのち、三重県庁内で『三重県史』という自治体史をつくる部署からお声をかけていただき、異動して一九年間編纂（へんさん）業務に携わります。この部署には県内各地の歴史資料が集積されていて、稲葉三右衛門（さんえもん）に関する資料（現四日市市立博物館所蔵稲葉家文書）をはじめさまざまな資料と出会うことになります。それらの資料を読むと次から次へと違和感が湧(わ)いてきたのです。それまで私が知っていた四日市港の歴史とは、細かいことを入れれば山のように食い違いが判明してきたのです。「どういうことなのか」「どうして資料と異なることが事実のように語られているのか」、とても驚き、追究し甲斐があるテーマだと確信し興奮したことを覚えています。そして四日市港の歴史探究がライフワークとなったのです。その研究の成果を『三重県史研究　第19号』や『三重県史　通史編　近世2』、『三重県史　通史編　近代1』などに報告しました。しかしながら、依然としてインターネット上などでは、従来の誤った四日市港の歴史がはびこっています。

この本は、そのような誤った情報に再び抗(あらが)うものです。とても太刀打ちできないかもしれませんが、少しでも正確な四日市港の歴史を後世に伝えたいという使命感が執筆の原動力となりました。

できれば若い世代の方にも読んでいただきたい。そして郷土の歴史・文化に興味をもち、新たな魅力を発見するきっかけとなれば幸いです。さらに四日市港の歴史をより深く探究し、本書の内容をアップデートする方が現れることを願っています。

二〇二三年（稲葉三右衛門の港修築着工より一五〇年）

著者

目次

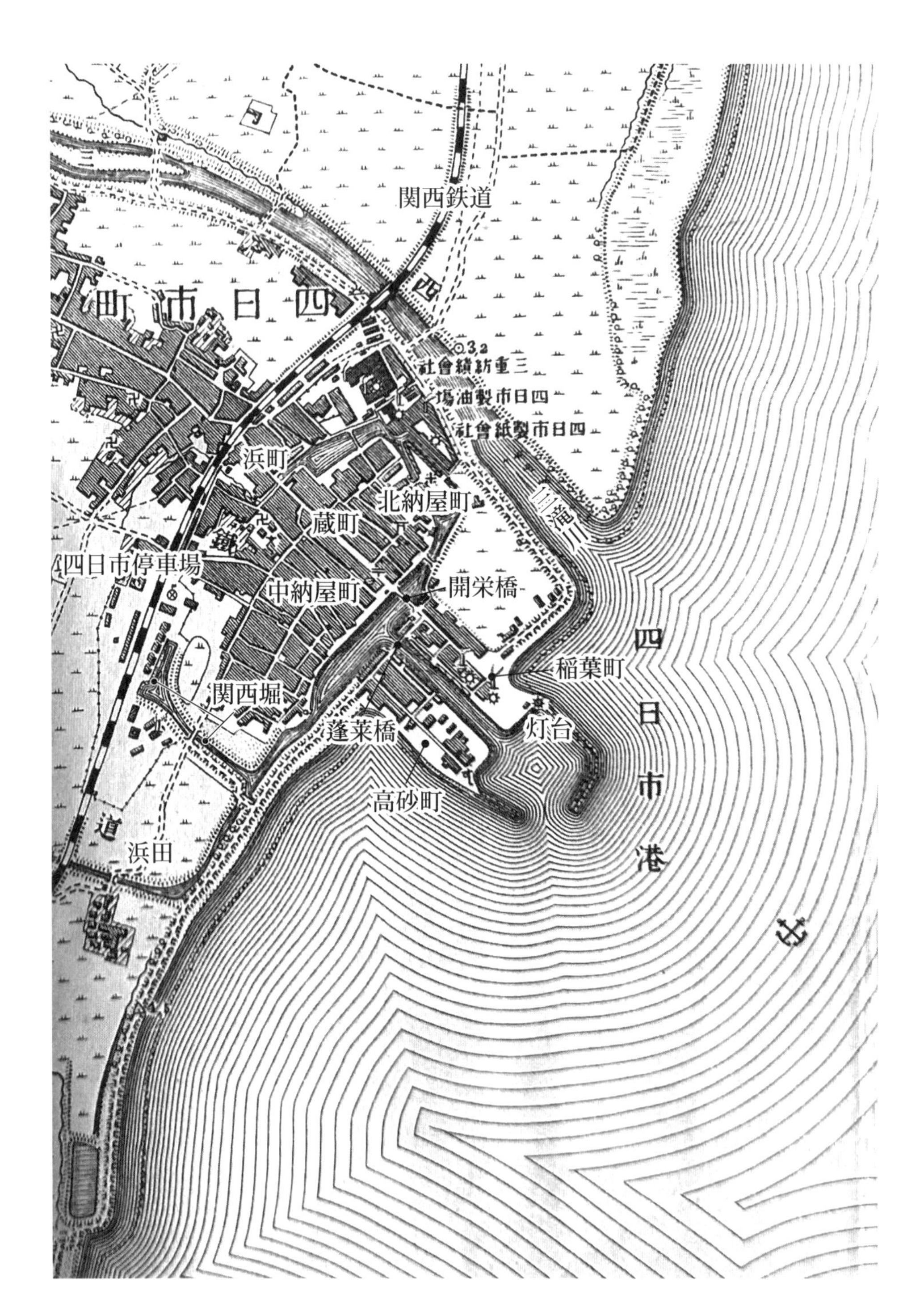

関西鉄道
四日市町
三重紡績會社
四日市製油場
四日市製紙會社
浜町
北納屋町
蔵町
四日市停車場
開栄橋
中納屋町
稲葉町
関西堀
灯台
蓬莱橋
高砂町
浜田
四日市港

序　本書の理解を深めるために

「港」のイメージ

コンクリート製の岸壁に大型貨物船が接岸して、荷物を直接船に積む。現代の私たちがイメージする四日市港とは、こんな感じなのではないでしょうか。

しかし、これからお話しする時代の四日市港はまだそうした港ではありません。船は木製で、帆で風を受けて進む帆船が主流でした。大型の蒸気船（汽船）は江戸時代の末から明治時代のはじめに登場しますが、四日市港に出入りする船は昭和時代初期においても圧倒的に帆船（日本形・西洋形）が多かっ

図１　昭和時代初期の四日市港（戦前絵はがき）

たのです。大型船は、港から離れた沖合に停泊し、荷物や人を船や港内に運んだのは「艀」という小船でした。そして、積荷を「艀」に積み、港で荷をおろしたり、船に積み込んだりする港湾労働者を「仲仕」といいました。みなさんは学校の学習で岩倉遣欧使節団が横浜港から出発する様子を描いた絵をご覧になったことがありますか。横浜港の沖合に停泊する大型の蒸気帆船へ乗り込むため、使節団の人びとが小船に分乗して港から出航しています。あのようなイメージをもっていただくといいでしょう。

　昔の港は自然の地形を利用しました。川によって運搬された土砂が河口周辺に帯状に堆積してできた陸地（砂洲・砂嘴）を、天然の防波堤として利用したのです。そのため比較的大きな河川の河口には港が形成されました。三重県内では白子港（鈴鹿市）がその好例ではないでしょうか。図2のように河川の河口に砂洲が形成され、白子港を波から守っているようなかたちになってい

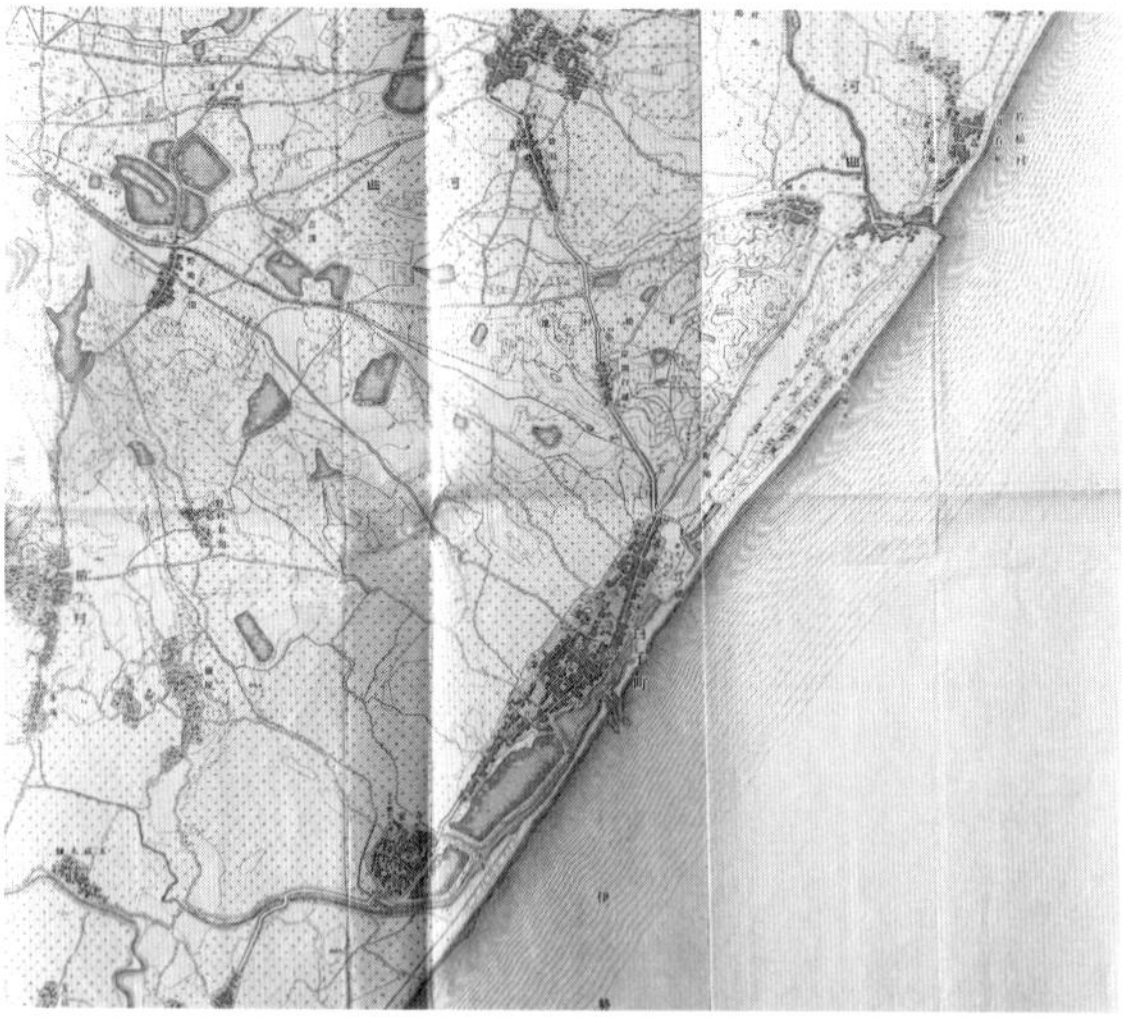

図2　砂州が発達した白子港

ます。白子港は江戸時代を通じて和歌山藩領で、藩の保護下で木綿の積み出し港として栄えました。

港ができるには川が重要な役割を果たしましたが、川が港の衰退の原因となることもありました。川は絶え間なく流れ続け、上流から大量の土砂を運んできます。そのため放っておくと土砂が河口付近に堆積し、港の水深が浅くなってしまい、船の出入りが困難になってしまうのです。深い水深を保つため堆積した土砂を取り除く「浚渫（しゅんせつ）」という作業が、港を維持するために欠かせませんでした。

また、高潮（たかしお）や地震といった自然災害も港に大きな被害をもたらしました。災害によって港が破壊されるたびに、人びとは協力して港を修復しました。このほかにも江戸時代は海を埋め立てて耕作地にする新田開発が盛んに行われました。こうした開発によっても港が位置や形を変えることがあったのです。

これまで語り継がれてきた稲葉三右衛門の四日市港修築事業

私が住む三重県四日市市では、稲葉三右衛門は「四日市港の父」として有名です。私の子供が小学校で使用していた社会科の副教材『わたしたちの郷土　のびゆく四日市』では、「6　地いきのはってんにつくした人びと」として稲葉三右衛門を大きく取り上げています。稲葉三右衛門については、彼の存命中からいくつかの書物が取り上げています。早い時期のものには一八八九（明治二二）年に刊行された『近世商工業沿革略史　附録名家実伝』があります。ここでは三右衛門について次のように伝えています。

四日市港は天然の良港で、物資の往来も盛んでしたが、一八五四（嘉永七＝安政元）年の地震以降衰える一方でした。このような港の窮状を見るにしのびず、財産をなげうってでも四日市港を築こうと立ち上がり、一八七三（明治六）年に同志田中武右衛門と起業の許可を政府に仰ぎました。途中、田中武右衛門の離脱や幾多の困難に直面し、工事の中断を余儀なくされましたが、このとき工事を諦めるようにいましめた者に対し、三右衛門は「われ一〇万金を費やして四日市に一〇〇万金の利益があったならば、これは四日市に九〇万金の利益をもたらしたことになる。まして使ったお金は貧しい人びとの手に入ることになる」と反論しました。

のち一時、築港事業は県営事業となりますが、これも一八七七（明治一〇）年に中断し、港は未完成のまま放置されます。この状況を黙って見ていられなくなった三右衛門は、自費で残りの事業を行うことを願い出て、一八八一（明治一四）年に許可が下り、ついに一万四〇〇〇坪余りの港を完成させました。その功績によって一八八八（明治二一）年に藍綬褒章（らんじゅほうしょう）を受章しました。（以上要約）

このように私財を投じ、多くの困難を乗り越えて港を完成させ、公共の利益のために尽くしたという稲葉三右衛門のイメージは、百数十年経った今もなおほとんど形を変えることなく語り継がれています。

では、これから歴史資料にもとづきながら四日市港修築事業について話をしたいと思います。読者のみなさんはきっとこれまで伝えられてきた歴史と違うことに「違和感」を覚えていただけるのではないかと思います。

Ⅰ部　稲葉三右衛門の築港事業

室町・戦国時代の四日市港

現在の四日市の語源となった「四日市庭」という地名は、一五世紀（一四〇一年から一五〇〇年までの一〇〇年間）の歴史資料に登場します。おそらく名称から毎月「四」がつく日（四日・一四日・二四日）に市（三斎市）が開かれていたと考えられていますが、市の実態は明らかになっていません。

また、海上交通網も発達していたとみられ、四日市庭を拠点に活動する船の存在が確認できます。伊勢神宮の外港（内陸部にあることにより港をもたない中枢都市の近くにあり、その都市の港湾機能を果たした）として発展した大湊（伊勢市）に伝わる「船々聚銭帳」という歴史資料にも、一五六五（永禄八）年一一月から一二月にかけての一か月間に、四日市庭の船が六艘入港したと記録されています。

安土桃山時代の四日市港

戦国の混乱のなかから織田信長・豊臣秀吉・徳川家康が天下統一を進める時代になると、海上交通の要衝として四日市は重要な役割を果たすようになりました。特に徳川家康との結びつきを深めるなかで歴史の表舞台に登場してくるのです。

一五八二（天正一〇）年六月二日未明、京都本能寺にて織田信長が家臣の明智光秀に殺害される本能寺の変がおきました。織田信長と同盟関係を結んでいて、当時堺（大阪府）に滞在していた徳川家康は、伊賀国を通り伊勢湾に出て、船で伊勢湾を渡り領国である三河国へ逃れました。家康の伊勢湾への脱出口となった地は諸説ありますが、四日市もそのなかの一つです。この家康脱出劇の真偽は別にして、四日市では「大権現（徳川家康）」を救ったことが町の由緒として誇らしく語られるようになります。

徳川家康と四日市との関係はそれ以外にもありました。一五九〇（天正一八）年、家康は、織田信長の後継者となった豊臣秀吉によって関東へ領地を移されます。その際、江戸から京都の途上にある四日市も領地として与えられました。このように四日市は徳川家康が天下を統一して江戸に幕府を開く以前から、徳川家と深い関係がある土地だったのです。

豊臣秀吉による朝鮮侵略（文禄・慶長の役）に際しても、四日市庭浦が伊勢国一三ヶ浦（長嶋・大嶋・桑名・四日市・楠・長太・若松・白子・白塚・栗真・別保・津・松崎）から動員する水主（船を動かす人）を差配する御用船水主割触頭を申し付けられています。

徳川家康が関ヶ原の戦いに勝った翌一六〇一（慶長六）年、東海道が整備されると、四日市も宿駅となります。このとき伝馬三六疋（頭）とともに廻船二五艘の設置が定められました。この廻船は、家康と関係が深い廻船ということで、桑名・宮（愛知県名古屋市熱田区）間の公式な「七里の渡し」とは別に、四日市・宮間の「十里の渡し」として公認され、急ぎの武士や商人・飛脚等に利用されました。

江戸時代の四日市港の移り変わり

江戸時代の四日市港は時間の経過とともに港の位置や姿が変わりました。図3は、江戸時代のはじめ寛文年間（一六六一〜七三年）に作られた絵図です。このなかで「不動松原」の東側にあった「丸池新田」あたりが初期の港だったと考えられています。このあたりは阿瀬知川の河口付近であり、流れもゆるやかで、船が停泊したり、海が荒れたときに船が避難したりするのに適していたのです。しかし、阿瀬知川が、より大きな三滝川にぶつかるところには、阿瀬知川が運ぶ土砂が堆積し、さきほどの絵図が作製された寛文年間には、すでに港の入り口は狭く、水深も浅くなり船の出入りが難しくなっていました。加えて当時「丸池」は新田開発によって埋め立てられて「丸池新田」となっていたので、港の位置は浜町から東へ築地を通り、阿瀬知川の土橋を渡って左に進んだ三滝川河口に面した入り江（絵図の◯あたり）に移りました。

一七〇七（宝永四）年一〇月四日、紀伊半島沖を震央とする巨大な地震（宝永の大地震）が発生し、港は大きな被害を受けました。そのため修復工事が神戸藩に命じられています。

　さらに三滝川と阿瀬知川を分けるように砂洲が形成されて、そこ

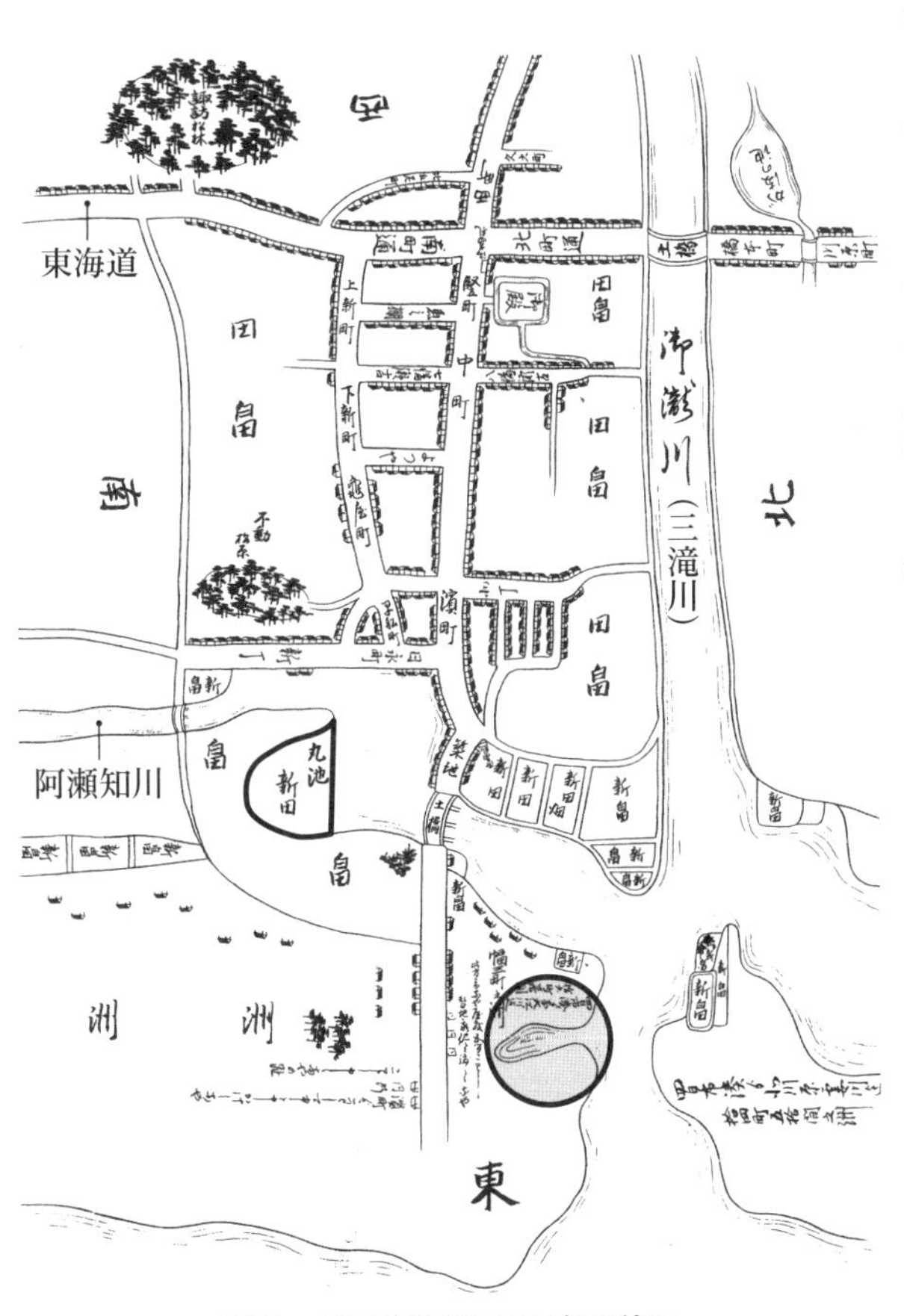

図３　寛文年間の四日市町絵図

が新田開発によって耕作地（図4の「寅改（とらあらため）」や「廻船新田」の部分を指します）となると、阿瀬知川は大きく南へ流れを変え、ますます川の流れを悪くしました。田地の不作に悩んだ阿瀬知川流域で四日市町と接していた浜田村から願い出され、一八〇八（文化五）年には、北進して四

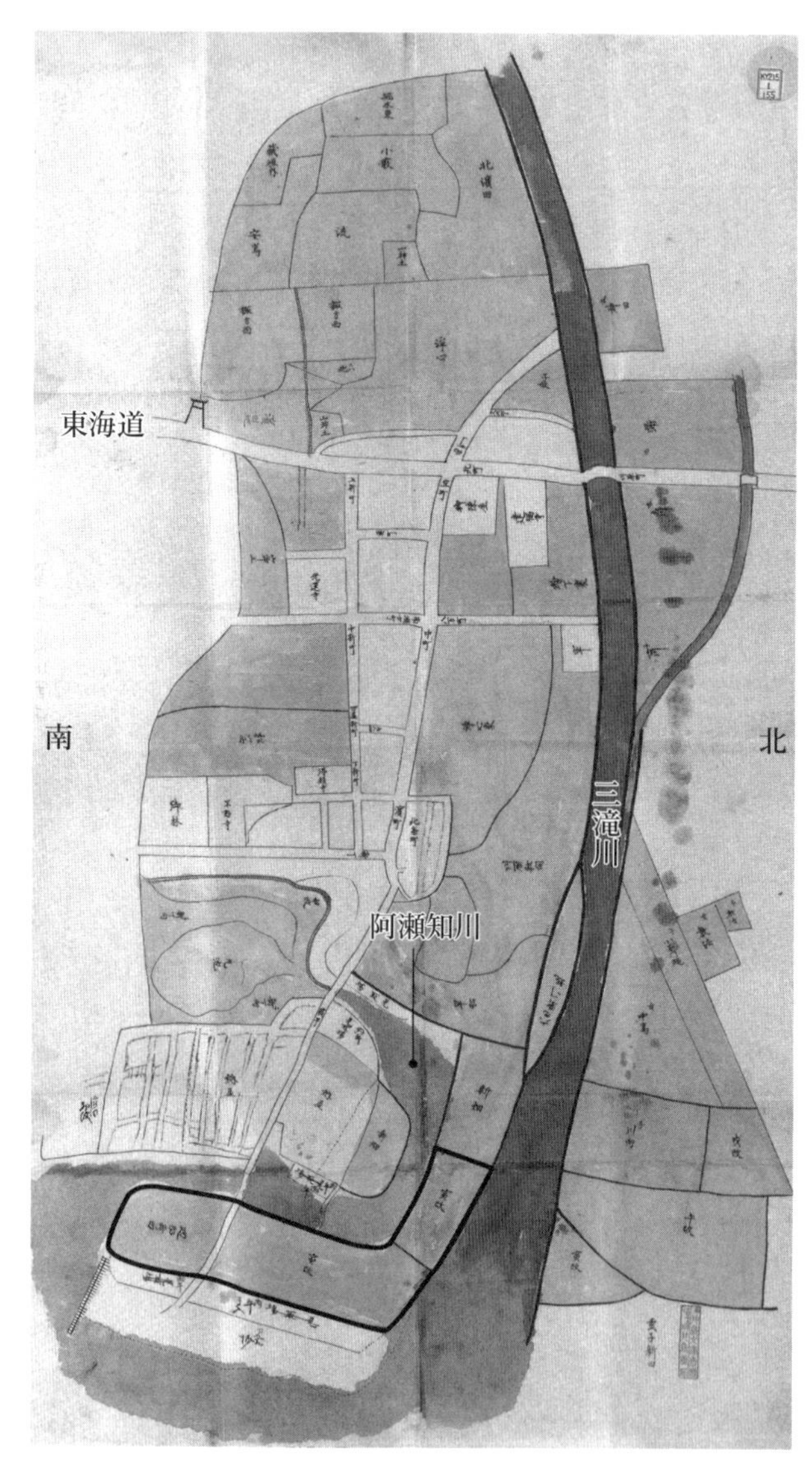

図4　砂洲の形成（寅改新田・廻船新田）

日市町へ流れていた阿瀬知川の流れを断ち、直に海に注ぐように流路を変える大がかりな工事と、それにともなって港の改修が行われています（港の改修については不詳）。

文化年間（一八〇四〜一八年）に作製された「東海道分間延絵図」では、廻船新田の地先に「乗船場」が見られます。これは「十里の渡し」の乗り場だったのでしょう。

一八三〇（文政一三）年には、数百万人の人びとが伊勢神宮へ参拝に向かう「おかげ参り」という現象がおこりました。四日市港にも多くの人びとが訪れたと考えられます。四日市港への船の出入りを安全なものとするため、四日市の商人が灯明台（灯台）の建設を計画し、費用の援助を伊勢湾対岸の知多半島内海（愛知県南知多町）を中心とする廻船集団（内海船）に求めています。あとで述べますが四日市港と内海船とは密接な関係があったのです。この灯明台は、一八三三（天保四）年には、廻船新田の先に建てられました。

四日市港と商業の発展

江戸時代に四日市港が繁栄したのは、江戸幕府（将軍）が支配する領地（天領）として保護を受ける期間が長かったこと。四日市が五街道の一つ東海道の宿場町で陸上交通の要衝であったこと。近くに木曽川・長良川・揖斐川の大河をはじめ多くの河川があって、また伊勢湾に面しており水上交通の要衝だったことなど多くの要因がありました。四日市の町場には多くの人や物が行き交っていたのです。

四日市と尾張国の宮（愛知県名古屋市熱田区）との間には四日市廻船（旅客人を輸送する海の渡し船。十里の渡し）が航行していました。

物資では、四日市港からは大量の米や木綿、菜種油が廻船によって江戸に輸送され、江戸で干鰯（イワシを乾燥させた肥料）や〆粕（イワシやニシン、菜種などから油をしぼり取ったしぼりカスを原料とする肥料）を積んで四日市港に戻ってきました。その肥料は、四日市周辺の農村で使われたり、さらに別の場所へ輸送されたりしたのです。

港で船に積む荷物を差配したり、航海中の食料や燃料を売ったり、下船した船乗りの宿泊の世話をしたりする商いを廻船問屋（船問屋）といいます。四日市の廻船問屋は、米問屋や干鰯問屋を兼業する者が多く、大きな財力を持っていました。

今回の話に登場する稲葉三右衛門の先祖も、寛政年間（一七八九〜一八〇〇年）には「稲葉屋三右衛門」として廻船問屋と干鰯問屋・干鰯仲買を兼業していたことがわかっています。

やや難しい内容になりますが、次にもう少し詳しく四日市港をめぐる商業の発展についてみていきましょう。

肥料の交易で栄えた四日市港

一七〇七（宝永四）年一〇月に発生した大地震の四日市港への影響はほとんどわかっていませんが、享保年間（一七一六～一七三六年）のはじめにはかなり復興していたと考えられます。四日市町は、一七二四（享保九）年に天領から大名（大和郡山藩）の領地にかわったのですが、この編入にともない、幕府は郡山藩に伊勢・美濃・大和・近江から四日市港へ運ばれる御城米（天領で徴収した年貢米。江戸に輸送して保管する）の把握を命じています。伊勢国では三重郡や鈴鹿郡などの天領から毎年一〇〇〇石程度の米が四日市港から廻船（御城米船といいます）で江戸に輸送されていました。御城米船は戻るときに江戸で干鰯や〆粕を積んできました。そのため四日市港をはじめ白子・桑名・名古屋などの伊勢湾諸港には干鰯や〆粕を扱う肥料商人が多く現れました。例えば一七二四（享保九）年の四日市町では、商家二一三軒中、干鰯商人は五二軒で、全体の二五%を占めていました。

それから八〇年近く経った一八〇一（享和元）年に四日市町は再び天領となりました。そのときも商人三九四人中、干鰯商人は三九人で、依然として肥料商人が四日市町で最も高い比率を維持していました。

納屋地の形成と有力肥料商人

四日市港の発展を象徴するものに「納屋地」の形成があります。四日市町の街区は、大まかに言うと東海道沿いに南北に形成された北町・南町エリアと、東海道筋の市の辻から東に折れて海岸に至る浜往還に沿って形成された竪町・中町・浜町エリアから成っていました。寛文～元禄年間（一六六一～一七〇四年）には浜町の東にあった寄洲に家や蔵が立ち並んで納屋地が形成され、正徳年間（一七一一～一六年）には、ここに蔵町・北納屋町・中納屋町・南納屋町・中南納屋町・大南納屋町ができ、この六町が納屋町組として編成されました。蔵町を中心にこの納屋地には浜町や中町の干鰯商人が所有する土地がかなりあり、彼らが納屋地の誕生と深くかかわっていたと考えられています。

一七九五（寛政七）年には、四日市町の干鰯商人が株仲間（幕府や藩から営業の独占権を与えられた同業組織）を結成します。このメンバーの居所を確認すると、一〇軒の干鰯問屋のうち七軒が浜町に、三軒が納屋町に存在し、干鰯仲買は三六軒のうち一五軒が納屋町、七軒が浜町、六軒が中町の商人でした。株仲間にはこのほか五十集問屋（干鰯問屋仲間加入で、いずれ干鰯問屋となる存在）もおり、これも七軒のうち五軒が納屋町に、一軒が浜町にいました。このように浜町と納屋町は干鰯商人が集中し、「干鰯商人街」の体をなしていたのです。

江戸時代後期から幕末期にかけて買積み（船主が買い入れた荷物を相場が高い別の港で売りさばき差額によって利益をあげる経営方式）経営を行う尾州廻船が四日市商人と干鰯・〆粕の取引を行っていました。この時期の四日市干鰯商人の特徴は、一つは干鰯問屋が廻船問屋を兼ねるという業態をとっていたことです。一七九五（寛政七）年に株仲間が結成されたときに干鰯問屋は「諸国廻船干鰯問屋株」と称しました。干鰯問屋の業務を行う上で、廻船とやり取りをする廻船問屋であることが重要で、逆に言えば廻船問屋であっても干鰯問屋でなければ干鰯を取り扱うことができなかったのです。安政年間（一八五四〜六〇年）には四日市の廻船問屋は、徳田屋（田中）武兵衛・稲葉三右衛門・宇佐美利兵衛・吉高屋彦助・木屋保之助の五軒で、そのうち干鰯問屋ではなかった木屋保之助は商売に差し支えるので、干鰯問屋仲間の「下請」として認めてほしいと願い出て、認められています。

一八六〇（万延元）年、知多半島の内海を本拠として活動した内海船の船持（廻船を所持し経営する人）内田家が、木屋保之助の干鰯問屋下請と廻船問屋の経営を引き継いで四日市北納屋町に出店「住田屋」を開業しました。干鰯問屋下請といっても、四日市干鰯問屋行司から浦賀（神奈川県）の両場干鰯問屋側に、「他の干鰯問屋四軒と同様にお取引ください」と伝えており、業態は干鰯問屋と大きく変わらなかったと考えられます。

住田屋の経営の分析から、四日市港の干鰯問屋兼廻船問屋の業務は、船宿営業、船内消耗品の販売、代金の受け取りや為替送金、荷物の一時的な保管、川役銭（港施設の維持・管理費用として徴収していた一種の入港税）の徴収などでした。おもな収益は廻船との売買にかかわる口銭（取引手数料）であり、廻船から購入した干鰯・〆粕を干鰯仲買商人に売却する際に価格を上げる差額利益は得ていませんでした。そればかりか、住田屋が廻船から干鰯・〆粕を購入する資金は、仲買商人からの前渡金でした。つまり四日市港の干鰯問屋の業務は、干鰯仲買の求めに応じ廻船から干鰯・〆粕を取り次ぎ、一時的な商品の保管や廻船へサービスを提供する積問屋の業態でした。この点について飯野郡射和村（松阪市）の豪商で勝海舟や小栗忠順とも交流があった竹川竹斎は、四日市の干鰯問屋を「江戸表の塩問屋のように着船の船頭宿も兼ねて取引代金を集め、口銭を取って経営している」と記しています。

もう一つの特徴として、干鰯仲買商人のメンバーのことをあげておきます。仲買は問屋を通して廻船から仕入れた干鰯・〆粕を直接農村へ売却して利益をあげていました。干鰯仲買の一人である山中伝四郎は、周辺の村に干鰯購入資金を貸し付け、生産された商品作物（菜種）で貸付金の一部を返済させています。山中伝四郎は油買次問屋でもあり、干鰯仲買と兼業することで、生産地に必要な干鰯の供給と菜種などの商品作物の入手を同時に可能にしていたのです。山中伝四郎のように干鰯仲買と油買次問屋を兼業した商人は嘉永～文久年間（一八四八～六四年）ごろ、ほかに伊倉屋喜兵衛・水谷孫左衛門・中嶋屋善蔵がいました。さらに、山中伝四郎は桟留縞買次問屋、伊倉屋喜兵衛は勢州北組木綿買次問屋など他業種も兼業していました。このほか新田の開発、領主への貸付を行うなど幅広い経営を展開しているのも四日市商人の特徴です。さきの竹川竹斎が、干鰯仲買株を持っている者の多くは「富商」だと記しています。

内田家の住田屋が経営していた文久年間（一八六一～六四年）前後の四日市港は、干鰯・〆粕の取引拠点としてゆるぎない地位を得ていました。竹川竹斎は、年額一五万両から一七万両の取引がなされ、名古屋・桑名等の及ぶところではないと評しています。これがどれくらいの取引かと言うと、一八六四（文久四＝元治元）年一月当時の住田屋の干鰯購入相場は一両およそ二・五俵だったので、仮にすべてが干鰯の取引とすると、一七万両では四二万五〇〇〇俵となり、毎日一〇〇〇俵以上もの干鰯が取引されていたということになるのです。

天保年間の四日市港の大改修

江戸時代の後期になると、干鰯商人や廻船問屋などの経済力をつけた商人資本によって四日市港は整備されました。特に天保年間（一八三〇～一八四四年）ごろに大きく変貌したと考えられます。図5のように、さきほど述べた「納屋地」の東に形成された廻船新田（巳高入新田）と昌栄新田（野寿田新田）との間に堀割を通して新しい「港口」とし、それまで使用していた通船路を閉め切ったのです。

四日市商人 稲葉三右衛門家

稲葉三右衛門は一八三七（天保八）年九月二一日に美濃国石津郡高須村（岐阜県海津市）の吉田詠甫と「たき」との間に七男（六男とする資料もあります）として生まれました。幼名を九十郎、諱（実名）を利孝といいます。幼少期に吉田家と親交のあった四日市中納屋町の商人稲葉家の養子となりました。一八五五（安政二）年には稲葉家の家督を継ぎ、六代目稲葉三右衛門となります。翌年に納屋町組町代となりました。一八六二（文久二）年には、江戸城の本丸普請のため上納金を差し出し、一代限り「稲葉」の苗字を公称することを許されます。さらに一八六六（慶応二）年にも幕府に

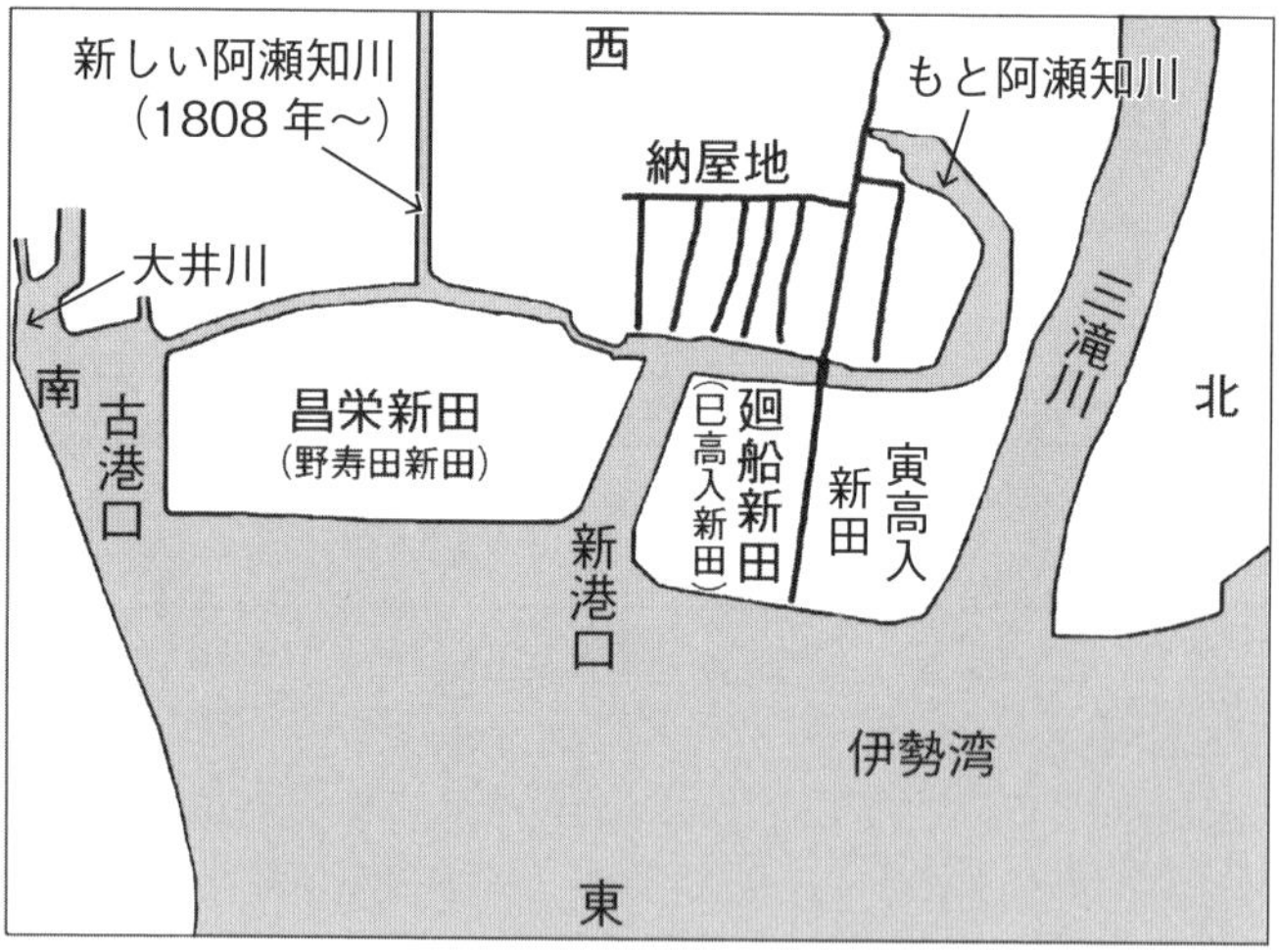

図５　天保年間の四日市港（概念図）

上納金を差し出して孫代まで苗字を許されました。その後、江戸幕府は倒れ明治時代になると、戸長（一八六八年）、太政官会計局御用掛（一八七一年）など、明治政府の地方行政事務役人に任命されています。なお、三右衛門の妻は稲葉家の娘「たか」で、『四日市港のあゆみ』では一八六四（元治元）年ごろに結婚したとしています。ご子孫によると長男甲太郎は同年一二月一〇日に誕生しています。

図６　稲葉三右衛門

四日市を襲った二度の大地震

一八五四（嘉永七＝安政元）年六月一四日に伊賀地方を震央とする巨大地震が発生しました（安政伊賀地震）。

さらに一一月四日にも、南海トラフを震央とする巨大地震がおきました（安政東海地震）。一一月の地震では津波が発生し、三重県でも東紀州や志摩地域の外洋に面したリアス海岸の入り江にあたる村々は大きな被害を受けています。

　四日市の町は津波の被害はそれほどなかったものの、激しいゆれによる建物の倒壊や火災の発生によって多くの死傷者を出しました（特に六月の安政伊賀地震は、死者一五五人、焼失家屋六二軒、全半壊家屋七一八軒と大きな被害が出ています）。港の被害について詳しく書かれた記録は見つかっていませんが、一九六一（昭和三六）年発行の『四日市市史』には、海岸近くの地盤が二尺（約六〇センチメートル）沈下したとあり、大きな被害が出たと考えられます。

　一一月の安政東海地震直後に、当時四日市の町を治めていた幕府の信楽代官所（しがらきだいかんしょ）へ出した被害報告の記録によると、四日市港の港口近くにある昌栄（しょうえい）新田（野寿田新田）の「大手堤」が崩れ、田畑から「青泥」水が噴き出し（おそらく液状化現象ではないか

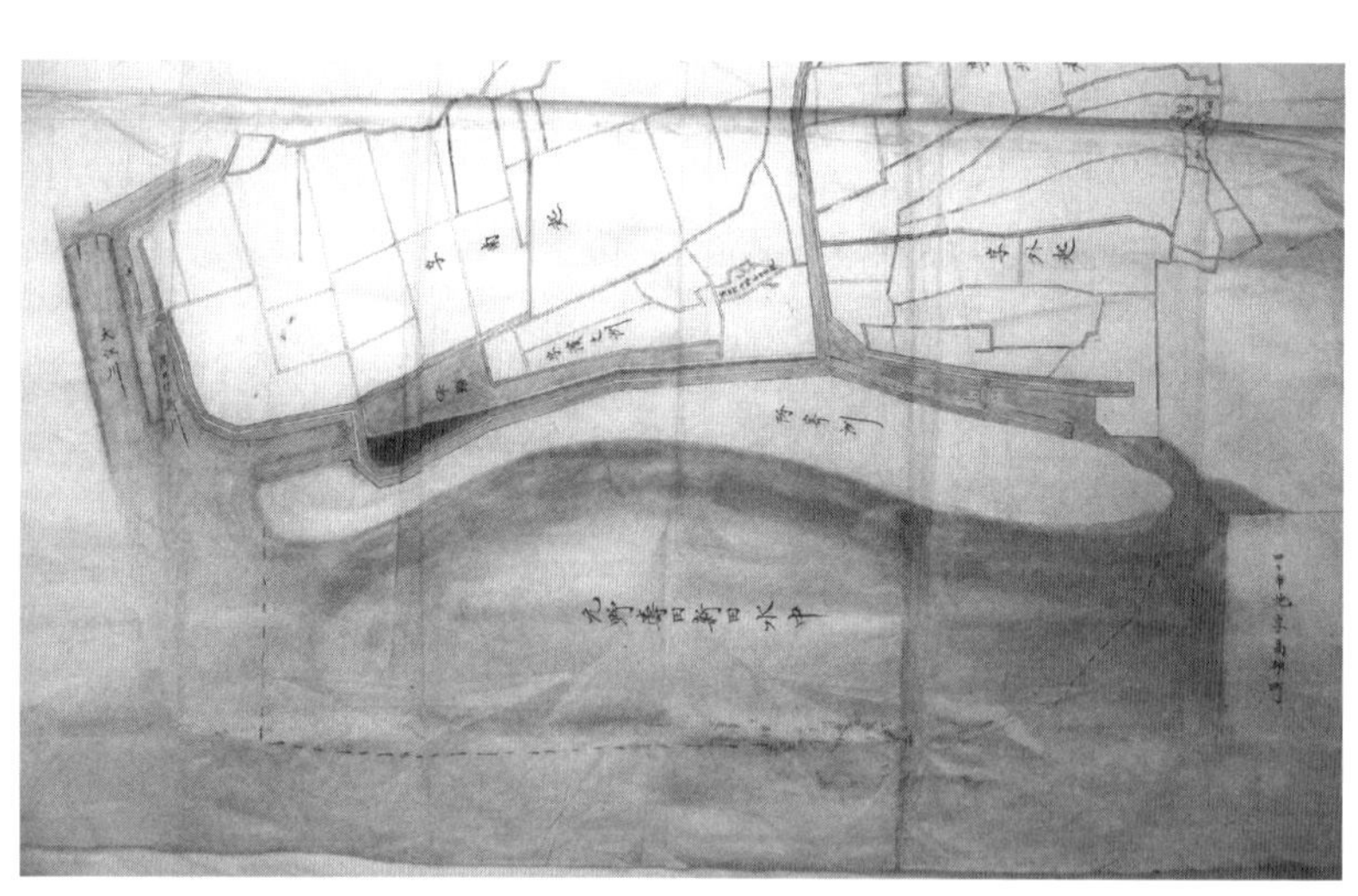

図７　昌栄新田亡所の絵図

と思われます）、悪水を流す水路もすべて壊れてしまったとあります。

一八六三（文久三）年の四日市港修築工事

一八五四（嘉永七＝安政元）年一一月の安政東海地震により、四日市港の港口近くに開発されていた昌栄新田を波から守る堤防が崩れました。直後に修復されたようですが、翌五五（安政二）年四月には台風による高潮に襲われ、修復した堤防を含めて再び大破し、新田一面に海水が侵入しました。その後新田を再開拓する動きもありましたが、一八六〇（万延元）年五月、またもや高潮によって壊滅的な打撃を受け、大半が水没しました。当時の記録では「亡所」と化したとあります。沈んだ新田の土砂が風波により拡散して港口の水深を浅くし、船の航行に支障が出るようになりました。このことで直ちに港の機能が麻痺して船の往来や商品の取引が不能になったわけではありませんが、一八六三（文久三）年、廻船問屋・干鰯問屋らを中心に六〇〇両をかけて港の修築を行っています。ただ、この工事はあくまで応急的なもので、震災の際崩れた荷揚場の石積み工事など多くの工事が未着手のままでした。一八六五（慶応元）年九月、有力な四日市商人の田中武兵衛・稲葉三右衛門ら五人の連名で、修築費を捻出するための方法を信楽代官所に願い出ました。その方法は、これまで入港する船の船種・石数（船の大きさ）に応じて徴収していた川役銭を増額し、加えて新たに出港時にも積荷物の種類と員数に応じて金銭を徴収したいという内容でした。この願いが幕府に聞き届けられたかどうかは不明ですが、次の工事が行われる前に江戸幕府が倒れて明治時代を迎えました。

これまで明治時代に入ってから四日市港修築事業を行ったと思われていた稲葉家と田中家が、すでに一八六三年から修築にかかわっていたことや、積荷の種類や員数に応じて課税する方法が、明治時代の修築事業で稲葉三右衛門から再三願い出されていることを考えると、一八六三年の四日市港修築事業を、いわゆる稲葉三右衛門による四日市港修築事業のさきがけとする見方ができるのです。

蒸気船による輸送の幕開け

海運の近代化と言えば、「蒸気船」という貨客輸送手段の登場ではないでしょうか。一八六九（明治二）年一二月には、四日市・東京品川間の貨物輸送を担う東海道蒸気通船会社が設立されました。四日市・豊橋（愛知県）間と新居（静岡県）・沼津（同）間、小田原（神奈川県）・東京品川間の三区間を蒸気船で、その他の区間を人馬で輸送するという、海陸両道で輸送する会社でしたが、ほどなく廃業しました。そのため経営の実態は不明です。

一八七〇（明治三）年一〇月になると、東京の定飛脚問屋吉村甚兵衛たちによって設立された廻漕会社が、交通の要所である四日市の飛脚問屋などに廻漕会社への加入と出張所設立の話を持ちかけています。四日市では飛脚問屋を営んでいた黒川彦左衛門（彦右衛門という記録もあります）たちがこれに加わり、支店を四日市の北納屋町に設立しています。伊勢湾内ではこのほか津・松阪・愛知県の熱田でも同様の動きがありました。こうした動きに、和船による従来の積荷輸送に不都合を感じていた東京の木綿問屋仲間は、四日市港から蒸気船による東京への木綿輸送を採用します。

一八七二（明治五）年当時、四日市港に出入りした蒸気船は、貫効丸・知多丸・武蔵丸・清渚丸で、どの船も毎月一回ないし二回寄港しました。旅客以外のおもな積荷は輸出品が菜種油・木綿・茶のほか傘・万古焼などの雑貨で、輸入品は干鰯や〆粕などの肥料や鰹節・唐糸などです。廻漕会社の収入は積荷の運賃でした。東京・横浜間で、米一〇〇石を運ぶと六〇両、酒一樽は銀二四匁、白木綿一〇〇反で銀四五匁、茶は大櫃一荷で銀二八匁と品目に応じて設定されていました。

しかし、廻漕会社の経営は長く続かず、政府と強く結びついた三菱汽船会社の台頭によって業績が悪化し、一八七六（明治九）年には四日市・東京間の航路を廃し、北納屋町の出張所も店を閉じたとされています。ただし、伊勢新聞紙上では、同名の会社が八二（明治一五）年一一月に社名を便宜会社と改名したとの広告を掲載していて（伊勢新聞八二年一二月九日）、「四日市三井廻漕会社の附属なる共同組」が波止場に乗客待合場を新設し、社名を「便宜会社」としたとの記事もあります（伊勢新聞八二年一二月一四日）。この廻漕会社が七〇年設立の廻漕会社と同一かどうかははっきりしていません。

稲葉三右衛門たちの港修築願い（第一期修築工事のはじまり）

明治時代のはじめ、四日市・東京間を定期的に蒸気船が行き交うようになると、伊勢湾内での四日市港の地位は一層ゆるぎないものとなりました。当時現在の三重県域は北部の安濃津県と南部の度会県に分かれていましたが、一八七二（明治五）年三月に安濃津県の県庁が津から三重郡四日市に移されました。これを機に安濃津県は「三重県」となります。

稲葉三右衛門は、これからますます四日市港が発展するためには、一八六三（文久三）年の修築以降思うように進んでいない四日市港の修築を進める必要があると強く感じていました。そして同じ四日市商人で同業者の田中武右衛門（前出の田中武兵衛と同一人物または一族）とともに立ち上がったのです。

一八七二（明治五）年一一月一三日、稲葉三右衛門は田中武右衛門とともに、三重県庁へ「当港波戸場建築灯明台再興之御願」を提出します。

当港波戸場建築灯明台再興之御願

願人　稲葉三右衛門
同　田中武右衛門

当港は震災後の癸亥（一八六三）年中に堀割の普請を行い、その後年々修繕をしてきましたが、行き届かないまま時が過ぎていきました。一昨年以来蒸気船の航路が開かれ、今年の春には県庁が当地に置かれてから市中が日増しに繁栄してきております。ついては波戸場（波止

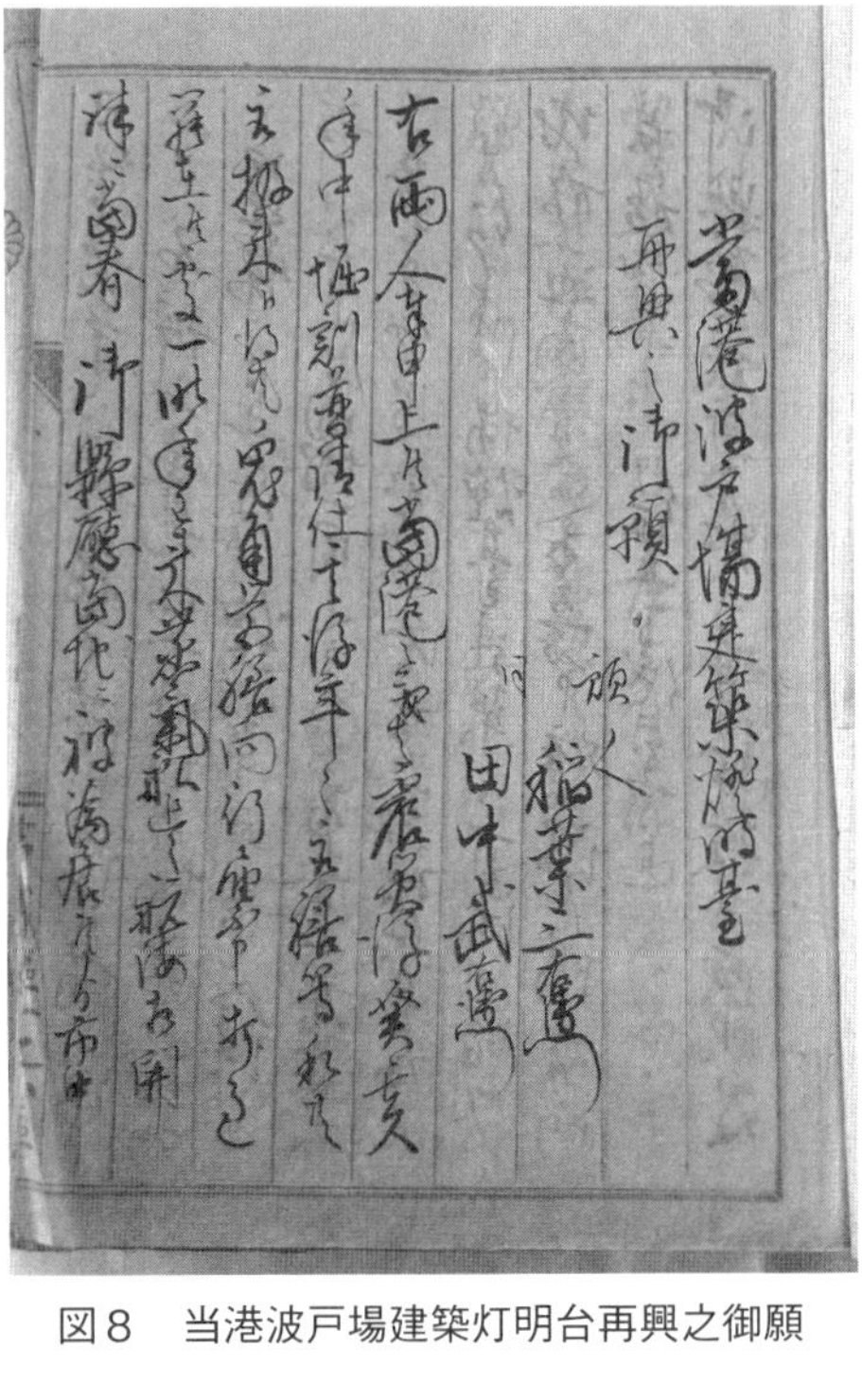

図８　当港波戸場建築灯明台再興之御願

場）がないのはとても不便で見るにしのびないありさまです。なんとかして波戸場を建設して荷物の運輸を自在にし、灯台を再建して船の入津（にゅうしん）の便を獲得すれば、当地の商業は一層盛大になることでしょう。私たちの手で港の修繕を行いたいと思っておりますが、なにぶん波戸場や灯台の建築方法に詳しくなく、見込みが立ちません。よって波戸場の向きや寸法、灯台の位置や高さについて「不朽の良法」をお授けください。そうすれば費用は私どもがいくえにも同心協力して負担する心積もりです。ここに絵図面をそえて嘆願します。お聞き届けていただければありがたく存じます。

壬申（じんしん）（一八七二年）一一月一三日

（以下略）

また、翌七三（明治六）年三月九日には「当港波戸場并灯明台建築港口瀬違堀割御願（とうこうはとばならびにとうみょうだいけんちくみなとぐちせたがえほりわりおんねがい）」を提出しました。

当港波戸場并灯明台建築港口瀬違堀割御願

願人　稲葉三右衛門

同　田中武右衛門

当港は嘉永七寅（一八五四）年の震災後、癸亥（一八六三）年中に堀割の普請を行い、その後年々修繕をしてきましたが、元野寿田新田（昌栄新田）亡所跡の寄洲は、風波や高潮などによって散乱して一帯が港口のようになり（水没し）、修繕が行き届かずに時間が過ぎました。しかし、去る午（一八七〇）年から蒸気船が航海を開始して次第に盛んとなり、昨春には県庁が当地に移されると、市中は日増しに繁栄してきています。このようななか港内に波戸場の設けがないのは不便でなりません。私たちはこれまで問屋をなりわいとして運輸の家業を続けてきましたが、思うようにならず物品の行き来や交通がさえぎられ、市中の多くの人びとが生活の手段を失っているので

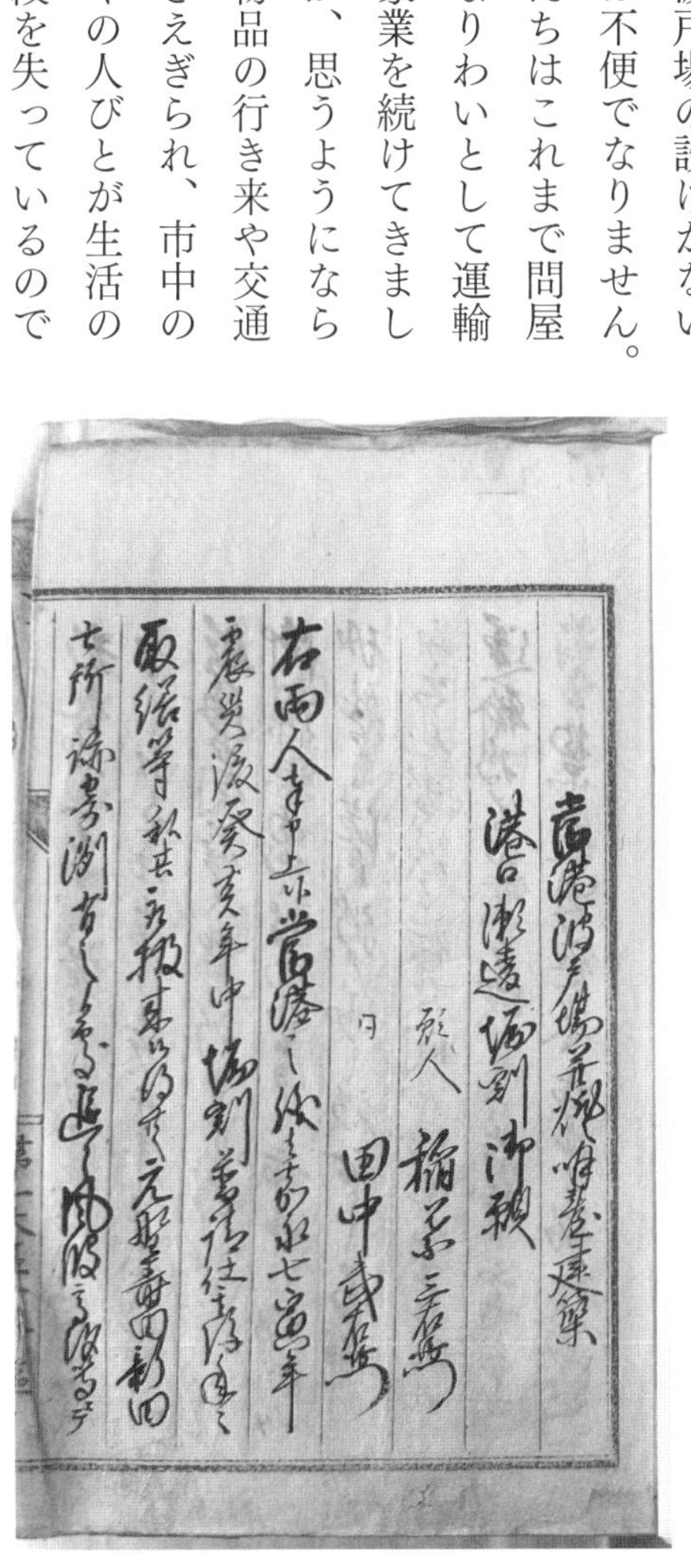

図９　当港波戸場并灯明台建築港口瀬違堀割御願

はないかと嘆いています。ぜひとも波戸場の建築と、潮時にかかわりなく通船が可能な港口として新しい堀割をつくりたいと思います。また堀割を築く際に生じる土砂で堀割の両岸に蔵地・屋敷地を造成し水陸ともに荷物の運輸を自在にし、灯台を設けて入港の便をはかれば、当地の商業は一層盛大になり末永く幸福になるでしょう。私どもは申し合わせてこの工事を行い、工事に必要な費用は同心協力して負担するつもりです。ここに絵図面と仕様帳をそえて願い上げます。灯台は位置や高低のご指図をお願いします。もっとも絵図面のとおり私たちの所持地である巳高入(みたかいれ)新田の堀割の地先である六五二八坪の海面は、相当の代価で払い下げをお願いしたく存じます。成功のあかつきには波戸場建築にかかった費用を償却(しょうきゃく)するため当港の輸出入品から荷税を受け取らせてください。お聞き届けいただければありがたく存じます。

明治六年三月九日

第一大区一ノ小区四日市
浜町四十一番屋敷
田中武右衛門　印
同　中納屋町十四番屋敷
稲葉三右衛門　印

岩村三重県参事殿
鳥山三重県権参事殿
（以下略）

政府から払い下げを受けた海域を含む公有地と稲葉三右衛門の私有地（巳高入新田・寅高入新田・午高入新田など）を埋め立て造成して倉庫や屋敷を建て、海に面して波止場と灯台を建設し、さらに江戸時代の港の入り口と異なる新たな通船路（堀割・運河）を人工的に開削するという出願でした。そしてこの工事が成功した際に、かかった工費を償却できるように、港に出入りする船の積荷物に税をかけることができるよう願い出たのです。

三右衛門たちはなぜ短い間（太陽暦の採用によって一八七二年一二月三日を一八七三年一月一日としたので実質三か月しか経っていません）に二度も県に修築の願書を出したのでしょうか。

それは、三右衛門たちがちゃんと政府が出す法令の情報をつかんでいたからです。当時、財政難だった明治政府は、地方の治水土木事業に民間有志の資本を利用するために、通船不可能な土地に水路をつくった者にはそこを通過する船から、工費を償却するための「口銭」などを取り立てる権限を認めていたのです（一八七三年一月「港内取締規則」）。三右衛門たちはこの規則を利用するために、新たに通船路を開削する計画に変更して請願し直したと考えられます。

三重県は、三右衛門たちの願いをうけて三日後の三月一二日、大蔵省に対し、埋立地にかかる税を八年間免除することと、港の予定工費四万五〇〇〇円の償却方法として四日市港に出入りする船の積荷物一つあたり平均七〇文の税をかけて（一年間に約二五〇〇円）、八年間で償却できる方法をうかがい出ました。

しかし、七月一五日の大蔵省の回答は、埋立地の税の免除を認めて三右衛門たちの工事を許可しましたが、船の積荷に税をかけて工費を償却する方法に難色を示し、入港する船から軽い入港税を徴収する方法を検討するよう指令しました（この方法では工費を短期間で償却することはできません）。当時、政府は地租改正など近代的税体系の構築途上にあり、地方で一個人が独自の基準を設けて課税を行うことは、認められな

図10　修築工事の光景

かったのでしょう。現に、一八八〇（明治一三）年からの大分港の築港工事、八二年落成の福井県坂井港の波止堤修補工事、八五年の三重県津港の浚渫工事の工費償却方法は、いずれも船の積石数に応じた「港銭」「口銭」の徴収によるものでした。また、灯台再建の件も、許可を出す役所は大蔵省ではなく工部省であるとして差し戻されました。

田中武右衛門の離脱

稲葉三右衛門たちは県の内諾を得ると、大蔵省の回答を待たず一八七三年三月一五日から私有地と払い下げ地の造成に取りかかりました。工事ははじめ順調に進みましたが、県庁から海に突き出た波止場（これからは突出波止場ということにします）の設計に変更が加えられると、その建設に莫大な工費が必要になること、その償却方法の見通しが立っていないことから、八月に田中武右衛門が、工事資金の調達が困難なことを理由に修築事業から退くことを表明したのです。

三重県が示した突出波止場の設計変更とはどのようなものだったのでしょうか。

一八七三（明治六）年三月に三右衛門と武右衛門が港の修築を願い出たときに提出した図面が残っています。図11㊤の図面を見てください。当初三右衛門たちは、海に真っ直ぐ突き出した直線の波止場を建設しようとしていました。しかし、一八七六（明治九）年ごろの図面を見ると（図11㊦）、突出波止場は長短二本存在し、長い波止場は途中から湾曲しています。これは三重県が指示した波止場の設計変更によるものだと考えられます。

新しい協力者を求めて

田中武右衛門が離脱した後、稲葉三右衛門は一人で工事を続けました。そして埋立地があらかた完成したところで、とうとう資金が底をつき、突出波止場の建設に取りかかることができないまま工事継続を断念しました。一八七四（明治七）年三月のことです。

この間にも三右衛門は三重県に協力を仰ぎ、武右衛門に代わる新しい協力者を探していました。

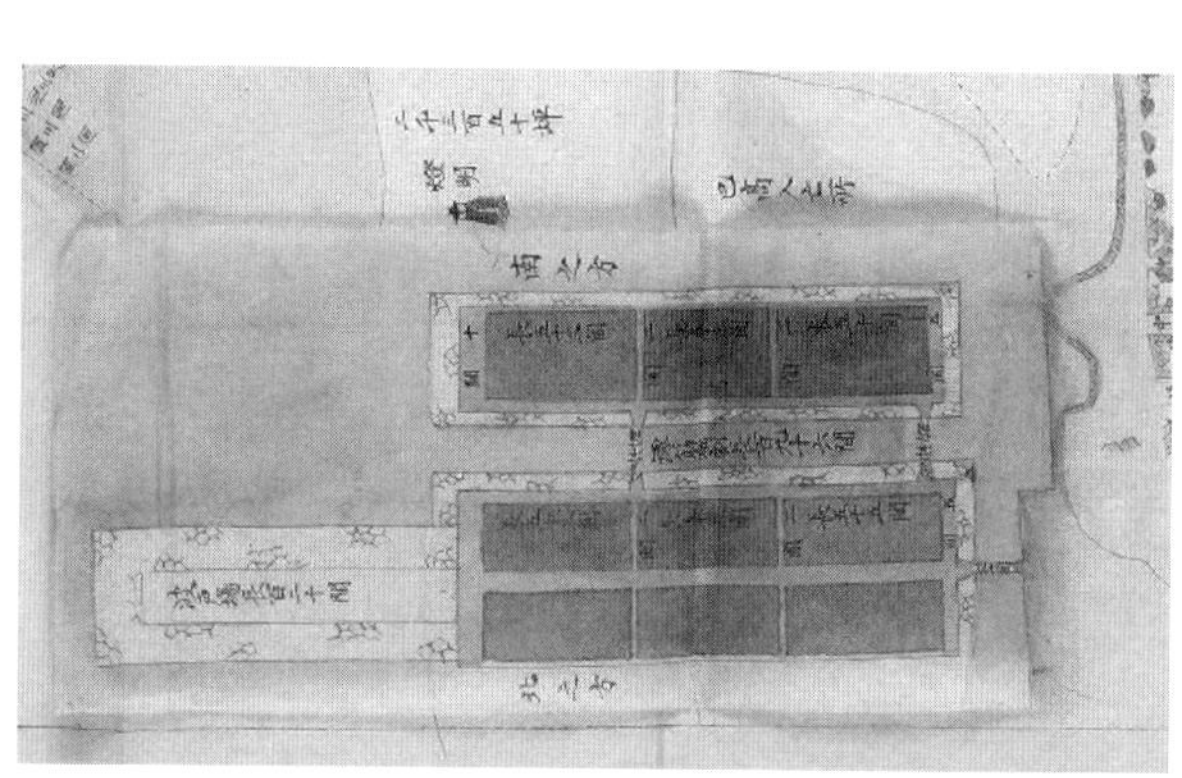

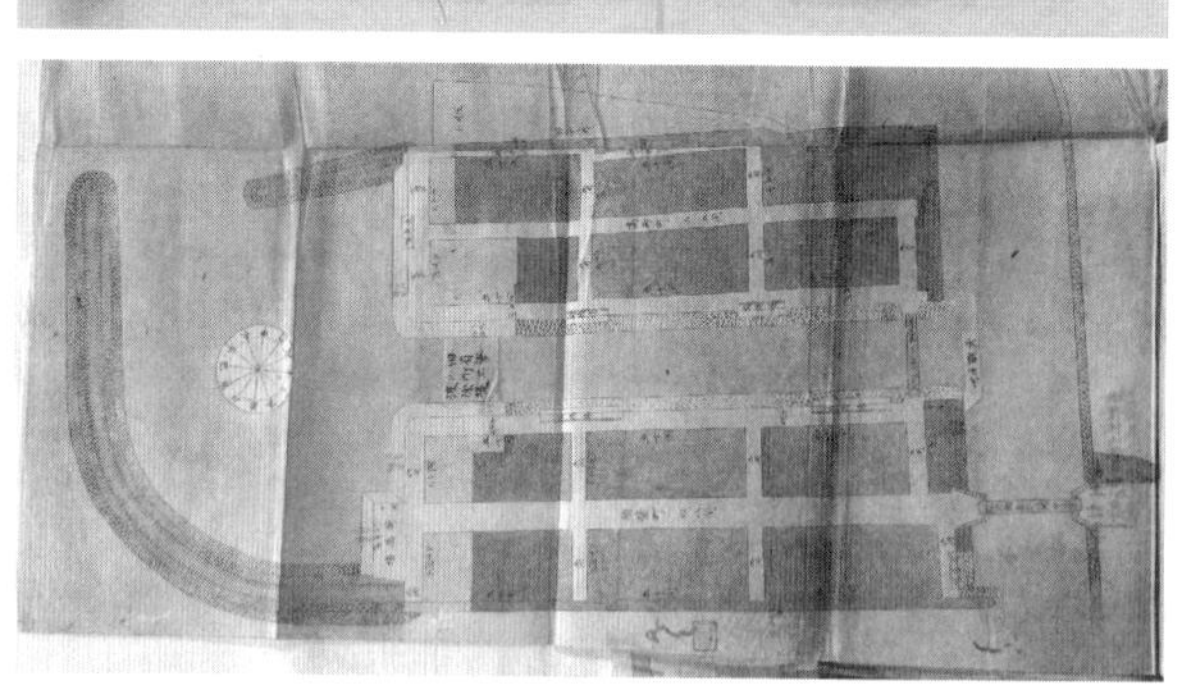

図11　直線波止場（上）と曲線波止場（下）

七三年一二月には農産会社の安永弘行、七四年六月には開産弘業の梅田耕路という協力者候補も現れましたが、いずれも実現しませんでした。その後九月ごろまでに小野組という強大な協力組織が現れましたが、小野組は経営難となり突然破産してしまったので、この計画も破談となりました。

さて、農産会社安永弘行との交渉中、三右衛門は造成した埋立地をすべて農産会社に譲り、三右衛門も入社する約定（やくじょう）を結びました。三右衛門は地券の名義変更のため地券を県庁に提出しています。これがのちのち大きな波紋をよぶことになりました。

三重県による修築事業

稲葉三右衛門と小野組との共同事業計画が小野組の破産によって水泡に帰すと、いよいよ三右衛門の修築工事は行き詰まりました。

それを見た三重県は、一八七五（明治八）年一月二二日、突出波止場の建築を、三右衛門に次の共同事業者が現れるまで三重県直営の事業として継続することにしました。

その後同年五月一四日に通船路（堀割・運河）の南側の造成地が高砂（たかさご）町、北側が稲葉町と命名され、同時に県によって借地化がはじまりました。この県が進めた工事によって突出波止場の建設は進みはじめました。

ここで少し高砂町の町名についてお話しします。これまで高砂町の町名は、三右衛門のよき理解者であった妻「たか」の名にちなんで名づけられたと言われてきました。しかし、その根拠はなく、私は後世の創作ではないかと思っています。と言うのは、三右衛門が一八八二（明治一五）年五月一八日に稲葉町を北稲葉町に、高砂町を南稲葉町に改称したいと県に願い出ているからです。妻への思いを込めた町名ならこのような改称申請をするとは考えにくいのです。

実兄吉田耕平とともに工事再開の許可を願い出る

話をもとに戻します。稲葉三右衛門は実兄（じっけい）の吉田耕平（岐阜県高須村の人）から資金面の協力を取り付け、一八七五（明治八）年八月一五日、再び自身の手による工事再開の許可を請願しました。吉田耕平は、一八三一（天保二）年九月生まれで、三右衛門とは六歳ちがいでした。一八七八（明治一一）年には地元高須に第七十六国立銀行を開業した資産家です。のちに岐阜県の県会議員や同県会議長、衆議院議員を歴任しました。請願書の内容を見てみましょう。

書附（かきつけ）を以奉願上候（もってねがいあげたてまつりそうろう）

当港を開墾する件は、去々明治六（一八七三）年中に田中武右衛門と私の二名が自費で開拓する許可をもらい着手しましたが、ほどなく武右衛門は除名を願い出ました。私だけでは成功はとても難しいと思いますが、いったん取りかかったことであるので、同志か資金提供者が現れると見込んで粉骨勉励し、ようやく船路堀割と造成地があらかたできました。（しかし）なにぶん大事業なので同志か資金提供者ができず、県庁もさまざまご配慮くだされ、明治七年には引請人がいったん現れたのですが、どれもうまく事がはこびませんでした。

波止場の築造はだんだん遅れ、大変申し訳なく存じます。日夜寝食を忘れ、心が苦しく焦る気持ちでいっぱいです。私も予想以上の出金で今日の活計も立たないほどとなり、万策つきました。あわれんでいただき県庁で築造いただけたことはありがたく思っています。しかしながら、これも（県にとって）やむを得なかったためと拝察し、私にとってもこれまで成功をとげられず、県庁へご苦労をかけて遺憾であり、とてもなげかわしいので、実兄の吉田耕平へ以前から御掛よりお聞きしていました波止場の仕様や貸下げ金の償却法などを逐一話していましたので、いろいろよく考えた末、別冊見込書のとおりお許しくだされば、二人で協力して波止場をすみやかに落成し、発起人として面目が立つようにしたく存じます。寛大な評議で波止場建築を再び私へ委任してくださるなら、今後は失策しないよういっそう尽力し、成功をとげたいと思います。なにとぞ願いのとおりお聞き届けください。

明治八年八月十五日

第一大区一ノ小区
四日市中納屋町
願人　稲葉三右衛門　印
岐阜県美濃国第三大区三小区
石津郡高須村
身元請人　吉田耕平　印
町用掛　九鬼紋七　印

三重県権令岩村定高殿
（以下略）

しかし、三重県は九月七日に「願いは聞き届けられない」との決定をしました。
私は以前、一八七五年二月に、稲葉三右衛門が稲葉町・高砂（たかさご）町の宅地一円を担保（たんぽ）にして、兄耕平から一〇万円を借用しようとしていたことがわかる借用証文を拝見したことがあります。兄吉田耕平の資金面での協力とはこのような巨額なものだったのです。ただし、この一〇万円の借入が実際に行われたのかはやや疑問も残ります。後出の「稲葉三右衛門と三重県の裁判」でお話ししますが、この時点では担保としている稲葉町と高砂町が三右衛門の所有地だと確定していなかったからです。あるいはこの借入を早急に実現するために稲葉町・高砂町の所有権をめぐり裁判に踏み切ったのかもしれません。

地租改正反対一揆の襲撃

翌一八七六（明治九）年一二月に三重県内で地租改正反対一揆がおきました。一揆勢は工事中の四日市港を襲い、高砂町と稲葉町の建物を破壊、放火して、大きな被害と混乱をもたらしました。三重県は一揆の被害や工費の負担もあり、一八七七（明治一〇）年六月二六日（及び七月一九日）に、当分の間事業を中断することを決定しました。

地租改正反対一揆勢の襲撃によって焼き打ちにあった高砂町は家屋がことごとく焼失し、「原野」のようになってしまいました。一八八五（明治一八）年の稲葉家の資料「蓬莱・開栄両橋之儀ニ付歎願書」のなかで高砂町・稲葉町を「今日ようやく回復してきているが、いまだ建屋は全地の半分にも及んでいない。稲葉町ももの静かでひっそりとした荒原で、日本郵船会社のほかは数戸あるのみ」と記しています。その後一八九〇（明治二三）年一〇月一八日の伊勢新聞では、

「地代の高さからか住民が減少するのみで、他より移り住む者はほとんどなく、次第にさびれる模様だ」と報じています。戸数の減少傾向はその後も続き、九三（明治二六）年六月三〇日の伊勢新聞でも、「地代が安くないので日に月に戸数が減少するのみで、数年経てば両町は『茫々たる草原』となってしまうだろうと言う者もいる」とあります。

その後、四日市港を開港場（外国と貿易をする港）とする運動が高まるなかで戸数減少に歯止めがかかり、転入する者も現れるようになっていきました。一八九五（明治二八）年一月二〇日の伊勢新聞では、「廃業しようとしていた者は見合わせ、他へ移転しようとしていた者も中止し、他町から移住を検討する者も現れている」と記しています。四日市港が開港外貿易港の指定を受ける前年のことです。

悪化する三重県との関係

三重県によって四日市港修築工事が進められているなか、稲葉三右衛門と三重県の関係は悪化していき、やがて三右衛門は三重県（被告は岩村定高県令）を相手取って訴訟を起こします。訴訟となった経緯や背景は少し込み入っていますが、簡単に言うと次のようになります。

三右衛門には共同事業が破談となった小野組との間に八〇〇〇円もの借入金があり、抵当として土蔵九か所、それでも不足する場合は現在までに竣工した新開地で弁償するという約束を交わしていました。そして小野組の破産後は債権が県に引き継がれました。しかし、やはり土蔵の処分では不足する見込みとなったので、新開地で弁償するため、一八七五（明治八）年一〇月、県に提出したままとなっている地券を返してもらいたいと願い出たのです。地券は、一八七三（明治六）年の農産会社との共同事業計画中に同社に新開地を譲り渡す動きがあって、地券の名義を農産会社に変更する手続きのため八四年一月に三重県庁へ提出し、そのまま県庁預かりとなっていたのです。

　しかし、県は、築港事業は県と三右衛門との共同事業となっているので、今まで支出した経費を償却（しょうきゃく）する方法が立つまで地券は返却しないと、三右衛門の願いを退けました。これをうけて三右衛門は、七六年一月に、輸出入される荷物に平均五厘二毛の手数料を荷主から徴収することや、四日市港と熱田港を蒸気船で結ぶ会社をつくり、荷物や旅客輸送の収益を償却にあてる案を示しましたが、三重県は地券の返却には応じませんでした。そしてこのとき三重県では四日市の問屋商人から毎年三〇〇〇円を取り立てる償却案を立て、すでに昨年分として内金を徴収していたことを聞かされます。さらにこの直後、県から驚くべき通達がありました。その内容は、県による波止場築造費を八万円、三右衛門による新開地の造成費を四万円とすると計一二万円となる。一万二〇〇〇坪の新開地をこの出金高に応じて割り当てれば八〇〇〇坪が県庁の分、四〇〇〇坪が三右衛門の分となるので、波止場が落成したあかつきには県庁は八〇〇〇坪を売却して、波止場建築費の償却にあてるというものでした。

三右衛門は、県がすでに償却方法を立てたのなら、約束どおり地券は返却するべきであるし、新開地は自身が一八七三（明治六）年に政府の許可を得て、私財を投じて開拓した私有地であり、自由に貸して地代を得ることができる土地であると、県が示した案に猛抗議しました。

三右衛門と県の対立はもはや決定的となり、同年三月に県を相手取って裁判をおこすことになるのです。

稲葉三右衛門と三重県の裁判

一八七六（明治九）年三月三日、稲葉三右衛門は大阪上等裁判所に出訴（しゅっそ）しました。「新開地」は三右衛門の私有地であり、持ち主の権利で自由にできる土地であるから、地券を返却し、三重県が徴収した借地料を渡すことなどを求めて訴えたのです。県による高砂（たかさご）・稲葉両町の借地化はすでに述べたように一八七五（明治八）年からはじまっていましたし、地券も七三（明治六）年の農産会社との共同事業計画中に三重県庁に提出していました。それらを三右衛門へ返却するよう求めたのです。しかし、わずか二週間後の一七日に却下されてしまいます。

同年一一月二〇日、三右衛門は東京上等裁判所に再び訴訟をおこしました。どうして大審院への上告ではなく東京上等裁判所への訴えになったのでしょうか。稲葉家の資料のなかにその理由が書かれたものがありました。当初、三右衛門と代理人は、大阪高等裁判所の判断に不服のある際は大審院へ上告する手はずでした。しかし東京に戻った代理人の不手際や三重県にいる三右衛門とのやり取りに時間がかかったため、上告の期限が切れてしまったのです。三右衛門は上京して代理人を責問しています。ところが思わぬ展開があったのです。同年九月に三重県は名古屋裁判所の、名古屋裁判所は東京上等裁判所の管轄となりました（太政官布告第一一四号・一一五号）。そこで再び東京上等裁判所に出訴したのです。

　三右衛門の訴えの内容は大阪上等裁判所への訴えと同様、三重県のもとにある稲葉町・高砂町の地券を返却すること、三重県が徴収している稲葉町・高砂町の借地料を三右衛門に渡し、これからは三右衛門が土地を貸して借地料を受け取ることができるようにする、というものでした。三右衛門側の主張は、港の修築事業で建設した新しい運河両岸の石垣や荷揚場、道といった公共設備を除き、みずから費用を出して埋め立てた高砂町・稲葉町の敷地はまぎれもなく三右衛門の私有地であって、その地券と借地料を県が渡さないのは不当であるというものでした。工事費用を償却する方法がいまだ決まらず、共同事業者がいなくなり、借入をして工費を捻出していた三右衛門の台所事情はかなり厳しかったと思われます。もし新開地の地券があれば、それを担保に資金を借り入れたり、土地の売却や賃貸により資金を調達できるのです。

しかしながら、一八七八（明治一一）年六月四日に出た判決は、三右衛門と三重県とは共同事業者であり、修築工事が終わっていないうちは新開地の稲葉・高砂両町についても三右衛門が自由にできる土地とはならない。工費の全額も確定しないうちに三右衛門だけが新開地の自由と権利を得ようとする主張は「不条理である」というものでした。三右衛門の訴えは退けら

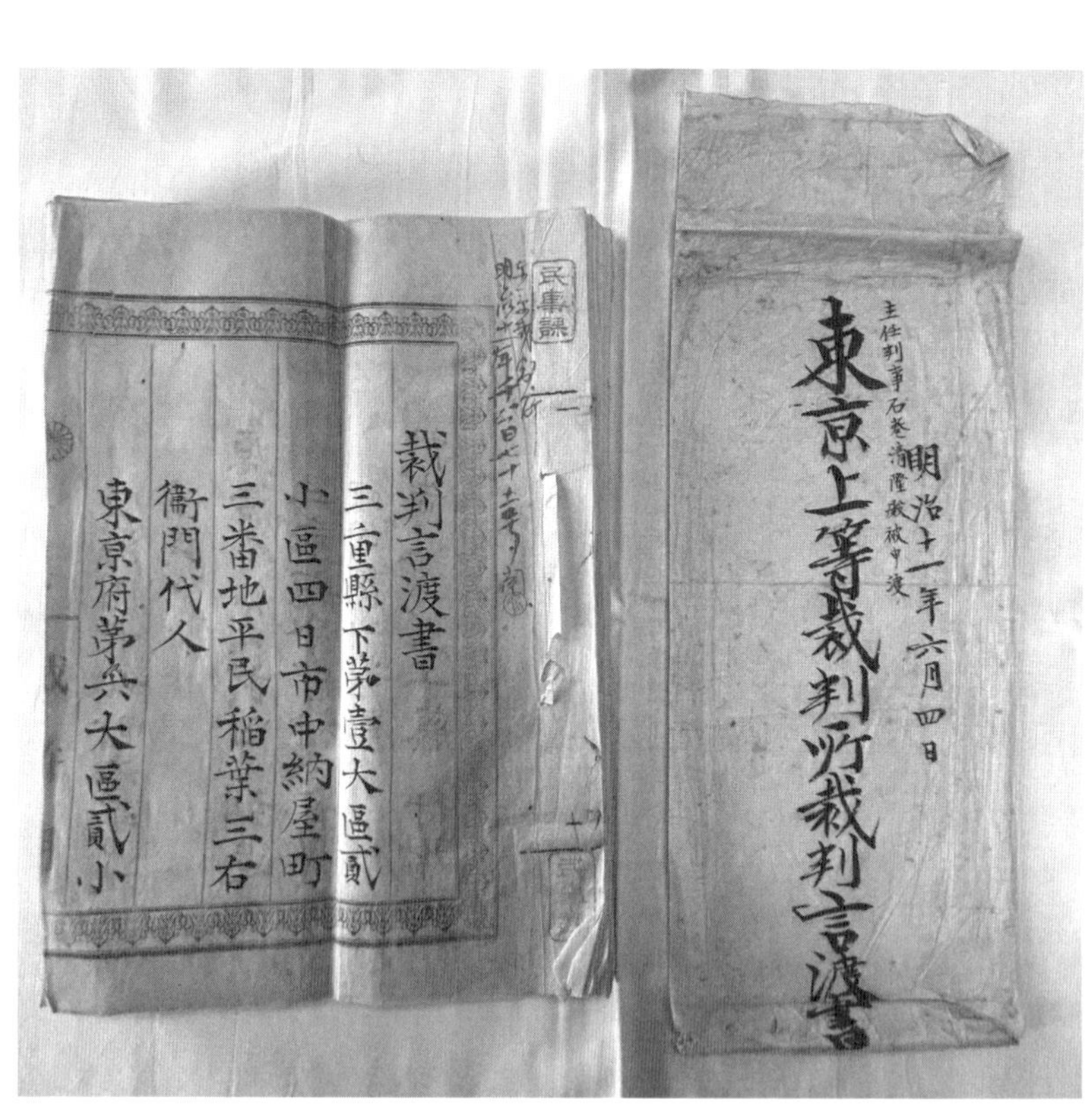

図12　東京上等裁判所裁判言渡書（判決文）

れたのです。しかし、この判決で地券をしばらくは県庁が預かるが、将来原告三右衛門の名義に改めることが付け加えられたことは三右衛門にとって大きな成果でした。このの ち地券と借地料が三右衛門に返却されたのは、第二期修築工事が認められてからでした。

巨大四日市港の築港構想とヨハネス・デ・レーケ

一八七八（明治一一）年六月六日、三重県は稲葉三右衛門との訴訟判決を待っていたかのように、四日市修築事業の再始動を決定しました。これは翌七月制定される地方税規則（太政官布告第一九号）によって「河港道路堤防橋梁建築修繕費」を地方税で支出することになることを見越しての判断でした。

このとき動き出した事業は、前年六月に中断した修築工事の再開ではなく、従来の計画よりはるかに大規模な四日市港を築造するという新構想でした。この計画には内務省土木局の御雇外国人ヨハネス・デ・レーケもかかわっていました。

ヨハネス・デ・レーケは、一八七三（明治六）年、内務省土木局の御雇外国人としてオランダより来日し、淀川の改修、木曽三川分流工事や、大阪港、三国港（現福井港の一部）の築港など各地の土木水利工事を指導した人物です。

デ・レーケは一八七八年七月一二日に四日市に到着すると、短期間の滞在でしたが、港付近の海底を測量し、次の滞在先の大阪まで測量図を送るよう命じました。九月二四日に測量図を受け取ると、ただちに港の設計に取りかかり、一〇月五日に内務省土木局に一〇〇〇分の一の縮尺設計図を送っています。

デ・レーケは一年後の七九（明治一二）年一〇月一日にも四日市港に関して内務省に報告していますが、この報告には、三右衛門や県が手がけた修築途上の港を破壊して、巨大な港を建設する石材として使えば、建設費用は抑えることができる。ただし、それは急を要するものではない。またこれまでの港の建設を続行する場合は、七八年一〇月五日付の一〇〇〇分の一の設計図に従うようにと記されていました。このほかに土砂が港に堆積することの予防策として、「大江川」（大井川か）の上流丘陵部の植林と、内部（うつべ）川の流路の改変が必要だと報告しています。

写真１　ヨハネス・デ・レーケ

デ・レーケの七八、七九年の二つの報告の日本語訳版を三右衛門は入手しており、これが八一（明治一四）年五月から再開された第二期修築工事の際、参考にされています。

では、巨大な港とはどのような港だったのでしょう。かなりさきの話ですが、一八八七（明治二〇）年一〇月二二日から二四日に伊勢新聞紙上で報じられた記事では、小埠頭（高砂町から突き出た波止場）を修築し、ここから南の「大井の川」および大井の川より東の旭村（四日市市高旭町・浜旭町）の洲崎にいたるまで小埠頭を含めて七個の埠頭を建設し、四日市・横浜間を就航する定期汽船が直接接岸できる水深を確保した大規模な築港計画だったことがうかがえます。その工費は八三（明治一六）年一二月一五日の伊勢新聞で四、五十万円と報じられました。

三重県ではこの巨大築港事業を内務省土木局が直轄し、国の予算で行ってもらうよう働きかけていたようですが、一八七九（明治一二）年一〇月三一日に、土木局による築造は現在難しいので、三重県で行えるよう詳しく調査するようにと政府からの回答があり、巨大な四日市港の建設計画は白紙に戻ってしまいました。

しかし、いつまでも四日市港を工事中断のままにしておくわけにはいきませんでした。日増しに四日市港には土砂が堆積し水深が浅くなっていました。三重県ではデ・レーケの報告を鑑み、もはや「築港の事は一日もなおざりにしておけない」との判断から、再び稲葉三右衛門に修築事業を行わせる判断をしたのです。

【コラム】ヨハネス・デ・レーケ作製の四日市港一〇〇〇分の一図面

一八七八（明治一一）年一〇月五日に御雇外国人ヨハネス・デ・レーケ（オランダ人）が、内務省土木局長へ提出した四日市港の図面を謄写したと思われる絵図を、四日市市立博物館所蔵の稲葉家文書で見つけました。整理番号【追補１２７】の絵図面「伊勢国四日市築港千分一ノ図」です。

この突出波止場付近の部分には写真のように稲葉町・高砂町の間の運河の先端部から、波止外に向かって緩やかなカーブを描いて突き出している二本の建造物が描かれています。これはデ・レーケの治水事業でよくとられる

図13　伊勢国四日市築港千分一ノ図

工法の「導流堤」と思われます。これは河川が運ぶ土砂を水深がある沖に運ぶ施設です。デ・レーケの四日市港レポートのなかに「もし底地に土砂があれば…磧礫（小石）を投入して（噴水閘から放出された水の勢いによって土砂が削り取られて流されるのを）予防する必要がある。二列の導水堤を築いて、噴水を港口に達するようにすることは図上で晰かにした」という箇所がありますが、「二列の導水堤」がこの建造物を指すものと思われます。

【コラム】一八七七（明治一〇）年の四日市港

一八七七（明治一〇）年に工事が中断した時点の四日市港の様子がわかる図面が二枚、三重県総合博物館に残されています。一枚は、ヨハネス・デ・レーケ来県の日の一〇日後の一八七八（明治一一）年七月二一日に測量した五〇分の一縮尺の「四日市港波止場横断図」です（図14）。この図面にはA・B・C・D四つの波止場断面図が描かれ、潮位を示す「大満潮線」「小満潮線」「大干潮線」「小干潮線」が引かれています。AからDにしたがって波止場の石積みが不完全な状態となっているのがわかります。なかでもD図は小満潮時にほとんど波止場が水没する状態であったことがわかります。

もう一枚の図面は「三重郡四日市縮図」です（図15）。これは一八七八年の明治天皇巡幸（実際にはルート変更により三重県への巡幸はなくなりました）にあたり、当時参議だった

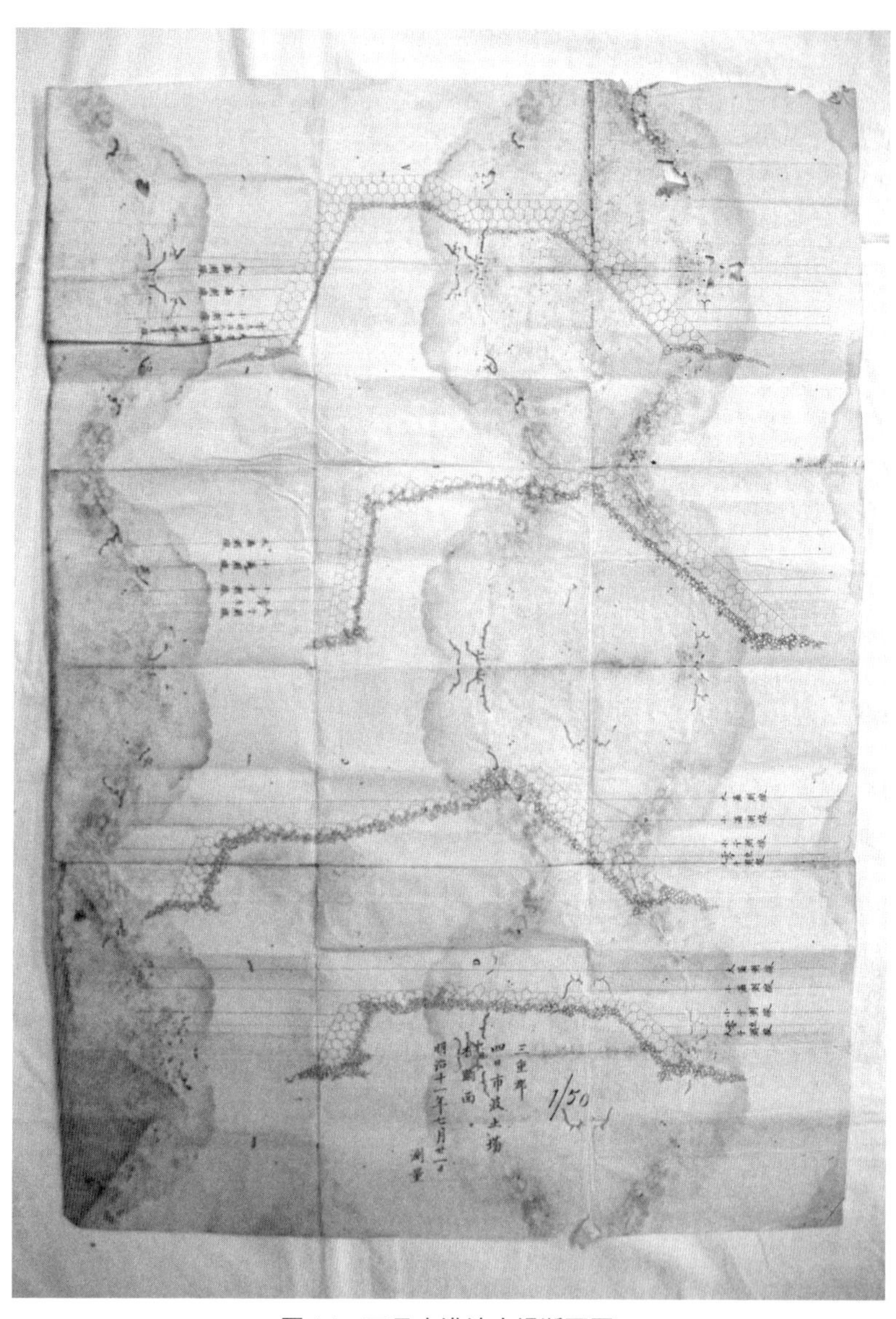

図14　四日市港波止場断面図

井上馨（いのうえかおる）に提出するため調製されたものです。この図面は、四日市港の埋立地と突出波止場付近が、貼り紙によって二層構造になっています。下層の図面が七八年当時の現状で、上に重ねる図面が工事完了時の港と考えられます。下層の図面では、通船路（堀割・運河）の先端部分がまだ貫通していないことや、突出波止場が建設途上であることが一目瞭然です。

二枚の図面が作製された時期は、三重県の直営工事が地租改正反対一揆をきっかけに中断してから一年ほど経過したころであり、ある程度建設された波止場が、風波によって崩壊した部分もあると考えられますが、デ・レーケが最初に四日市を訪れて目にした四日市港の姿はこのような状態だったのです。

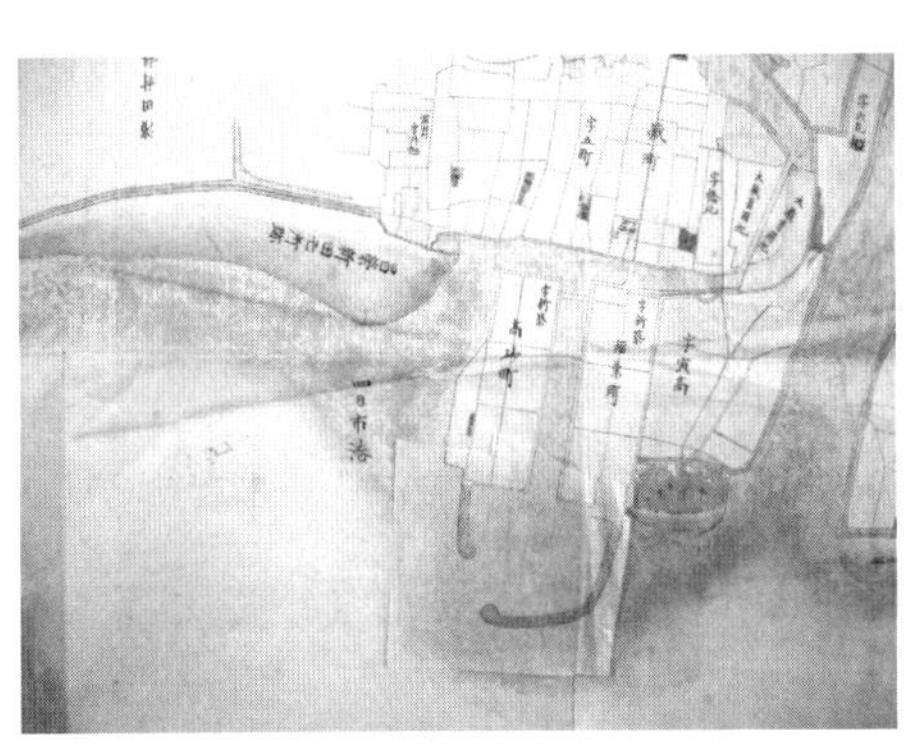

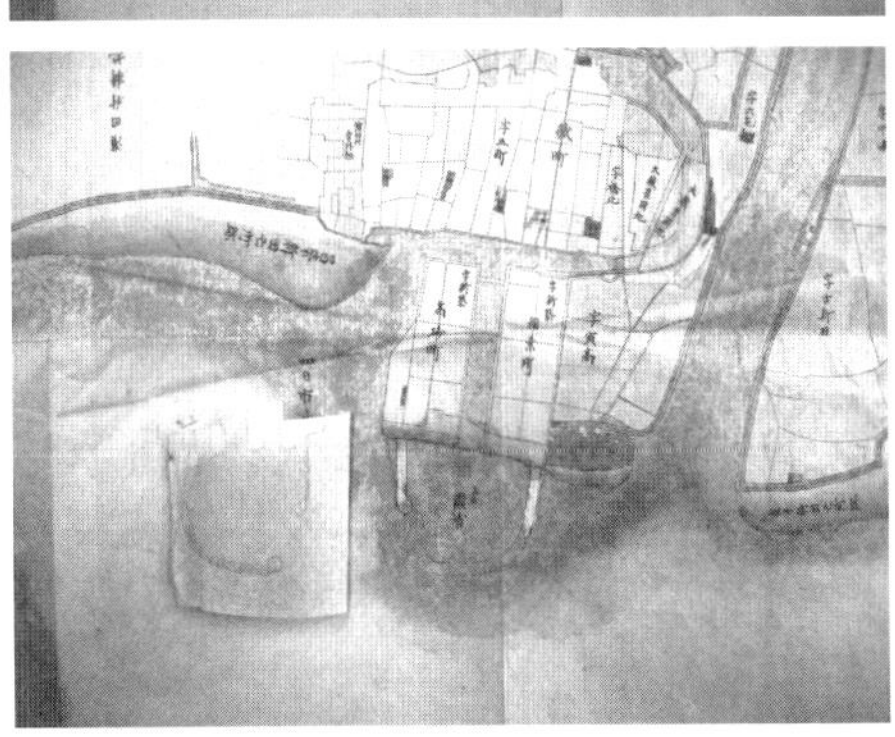

図15　完成前後をあらわす四日市港絵図

稲葉三右衛門による修築工事の再開（第二期修築工事のはじまり）

三重県による巨大四日市港の構想は、さきにお話ししたように国の同意が得られませんでした。しかし、完全に巨大四日市港構想をあきらめたわけではなく、築港の機会が来るまで、現状の四日市港の修築を進めることにしたのです。その担い手は稲葉三右衛門でした。都合よく稲葉三右衛門に求めたとも言えます。後年作成された回想録のような稲葉家の資料によれば、三重県は三右衛門に対し、次の三案から一つを選択するよう伝えたとされています。

①県は三右衛門にすべての残業（三万円以上と仮定）を請け負わせる。代わりに県営工事になった一八七五（明治八）年一月以降三重県が支出した四万八〇〇〇円を三右衛門が負担し、県に返済する。また工事は県庁の指揮を受ける。

②波止場と連続した稲葉・高砂（たかさご）町の半分を三右衛門の私有地と認めるが、県と三右衛門の共同事業を解消する。よって三右衛門は突出波止場を建設する責を免れる。県は残り半分の土地を他人に与え、有志を募り、残業を完成させる。

③これまで三右衛門が負担した工費四万五〇〇〇余円のうち、いくばくかの金額を一時または年（ねん）

賦で受け取り、事業から身を引く。稲葉町・高砂町は他人に与え、工事費や三右衛門が受け取る金額をつくり出す。

以上の三案はいずれも三右衛門にとって好条件とは言えないものでしたが、①の案を選びました。

しかし、三右衛門が示した工費の償却方法をめぐり、県や政府との調整がつかず、事業は滑り出しから難航しました。一八七九（明治一二）年一二月一七日、三右衛門は三重県に対し「四日市港波戸場建築諸費支消方法御願」を提出しました。ここで示された工費の償却方法は、工事費三万円、修繕費一万二〇〇〇円と、県営事業期の工費を稲葉の借金に切り替えた四万八〇〇〇円の合計九万円を、輸出入荷物の品目・員数に応じ口銭で徴収するというもので、一年間六〇〇〇円ずつ、翌一八八〇年より一五年間で償却するという内容でした（その後、県営工事分の四万八〇〇〇円の返済は、八〇年から一〇年据え置き、三〇年間で返済するという償却案に変更されます）。この償却案は、実質上、一八七三（明治六）年七月に大蔵省が却下した償却方法の再出願でした。今回内務省でも「人びとから苦情が出て、とても三右衛門だけでは行うことができない」と、当時の大蔵省と同じく許可を出しませんでした。その代わりとして、三右衛門の借金に切り替えた県営工事費四万八〇〇〇円を県が放棄すること、同時に三右衛門には船の石数に応じた「碇泊税」によって工費を償却する方法を提示しました。

しかしながら、この方法では償却の目処が立たないことは明らかで、三右衛門は工費償却の方法を含め、事業そのものの大きな見直しを決断しました。すなわち突出波止場の建設を断念し、それは次の事業者が登場するまで、県の管理下に置くこと。三右衛門が担当する工費は八〇〇〇円を上限とし、これは私費で行うので、償却方法を仰がない。その代わり高砂町南側の海面の払い下げを受けて埋め立て、その運用で工費を独自で償却するというものでした。

一八八〇（明治一三）年四月一〇日に海面の埋め立てと宅地化を願い出て、その後、払い下げ地をめぐり地元や県・国（内務省）との調整に時間を要しました。三右衛門の提案に最後まで慎重で首を縦にふらなかったのは三重県土木課長（勧業課長兼任）の三輪親行でした。三右衛門はこの年の天皇の三重県巡幸までには工事に着手したいという気持ちがあったようで、三輪氏の硬い姿勢に業を煮やしていましたが、県会議員の木村誓太郎も間に入って三輪の説得に成功し、事業が動き出しました。このとき三右衛門の雇い人である松田清兵衛は、三右衛門の実兄吉田耕平にあてた手紙のなかで「鬼㊇（三輪）も屈服」という表現を用いています。よほど三輪氏に手を焼いていたことがわかります。

ついに翌一八八一（明治一四）年三月二一日に内務省から正式な許可が下り、五月から工事がはじまりました。これが第二期修築工事です。これまで三右衛門が内務省に直談判して国を説得したと伝えられてきましたが、今のところそれを裏付ける資料は確認できていません。

三右衛門と三重県とが工事のとき交わした約款(やっかん)では、工費はすでに述べたように突出波止場建設が含まれていないので八六〇〇円余りとなっています。工期も着工から二五〇日間で竣工するよう定められており、県は役人による臨場検視権を有していました。またこの工事において他への妨害事案が生じた際の修復義務、波止場建設に関する申立・告訴・哀願の否認、稲葉町・高砂町の石垣や瀬留堤、開栄橋・蓬莱(ほうらい)橋の架け替えや修繕を行うこと、将来築港計画の見直しがあって、その影響が三右衛門の土地にも及んだ場合、三右衛門の私有地に関する権利を制限できる（橋の架け替えは、後に除外されます）、将来ヨハネス・デ・レーケによる築港計画（巨大四日市港建設）が実行可能になった場合、三右衛門は拒否することができない、というものでした。この内容を見ると、稲葉三右衛門の権限はかなり制限され、県の監督下にある請負事業という性格を強く帯びていると言えます。

国から工事再開の許可が下りると、三重県が管理していた稲葉・高砂二町の地券や借地料が三右衛門のもとに返されました。また、三右衛門によって稲葉町・高砂町の貸地(かしち)と借地料の徴収もはじまりました。

三右衛門の工事は、稲葉町・高砂町の間につくった通船路（堀割・運河）を深く掘り下げること（浚渫(しゅんせつ)）、掘った土砂で造成地を拡張する（高砂町南側海面の埋め立てを指すと思われます）、通船路両岸を含め造成地周囲の石垣を組むことでした。

試練の三年間

稲葉三右衛門による四日市港修築事業史のなかで、一八七八（明治一一）年六月の敗訴から八一（明治一四）年五月の第二期修築事業開始までの三年間は、すでに述べたことも含めこれまであまり多く語られてきませんでした。ところが、この時期の三右衛門は非常な苦境に立たされていたことがわかってきました。

その原因は、度重なる訴訟です。四日市港修築事業史では、これまで三重県を相手取った一八七六（明治九）年一一月から七八年六月までの裁判が語られてきましたが、稲葉家の資料を分析すると、これ以外にも複数の裁判が行われていることがわかります。

まず、七八年六月に裁判が終わると、三右衛門の代理人だった武田弘造との間に約定金（裁判期間中の代理人としての報酬や活動経費）をめぐる解釈の行き違いが生じ、訴訟に発展しました。武田弘造は不足していると主張し、三右衛門は逆に過払金の返却を主張します。示談も不調となり、一一月に武田が東京築地区裁判所を経て東京裁判所に出訴したのです。翌七九年五月二八日、東京裁判所の判決が出ました。内容は三右衛門の主張がかなり認められましたが、武田の訴えが認められた部分もあり、裁判費用は原告・被告自費となりました。武田はこの判決を不服として東京上等裁判所に控訴します。この裁判は八一（明治一四）年六月一一日に判決が出されましたが、結果は原告・被告双方の金を受け取る権利を認めないというものでした（裁判費用は、原告の武田が負担することとなりました）。ついこの前まで自分の代理人として裁判を共にたたかっていた人から訴えられた三右衛門の心境は、いかほどのものだったのでしょうか。

裁判はこれだけではありませんでした。前触れもなく巌谷脩なる人物から貸金の返済を要求されました。これもさきの武田弘造が関係していました。武田が、三重県を相手取った裁判中に判決を有利なものとするため、主任官吏への工作金を三右衛門に準備させ、一部を武田が滋賀県士族の巌谷脩から借り入れて立て替えていたのです。しかし実際に主任官吏へ金銭がわたった形跡はなく、裁判の終盤に主任判事から送られてきた裁許案は、実際の判決内容とは異なっていたため、それは偽物で、武田が金銭を着服した疑いが高まり、七八年八月一〇日に東京警視本署第三課へ捜査願を出しています（一〇月一四日証拠不十分のため、不正かどうか判然とせず捜査願取り下げ）。七九年五月九日、四日市区裁判所（四日市区庁）での巌谷との示談が不調に終わると、同月一九日までに名古屋裁判所安濃津（あのつ）支庁へ訴えられています。同年一一月には判決が出ましたが、巌谷はこれを不服とし東京上等裁判所に控訴しました。その判決は翌八〇年四月二三日に出され三右衛門は敗訴し、支払いを命じられています。

五月になって裁判執行の動きがあると、三右衛門は五月一八日に交渉のため巌谷のいる東京に向け岐阜県高須経由で出発しましたが、病気になったので、いったん六月一五日に帰宅しました。そのあと六月一七日に高須経由で上京すると旅行届を出して再び家を出たきり行方がわからなくなりました。どこに向かったのかがわかる資料が岐阜市歴史博物館所蔵の吉田家文書のなかにあります。三右衛門の雇い人松田清兵衛（せいべえ）（武田との裁判では三右衛門の代理人でした）から吉田耕平への手紙です。そのなかで「岩谷一件」で巌谷が「安濃津へ出訴」の動きを見せると「しばらく他出をする防策」のほか方法がないと判断し、巌谷へはこれから上京すると伝え、役場には旅行届を出すが「内実は仐（山中家。親族）別家（べっけ）金兵衛後家（ごけ）の方に潜居」をするつもりだと伝えています。実際にこののち三右衛門はしばらく「失踪（しっそう）」同然の状態になっていますが、これは判決内容の執行を引き延ばすためだったのでしょう。

八月になって稲葉家の財産を調査して「身代限り（しんだいかぎり）」（債務者の財産を没収して債権者に与えること）を執行する動きが出てきました。三右衛門不在のなかそれに応対したのは妻のたかです。たかは三右衛門の不在中に財産調査や没収の処分は承伏できないし、稲葉家と貸金関係があるのは巌谷だけでなく、ここで財産没収となれば他の債権者からも追訴を免れないとして、財産調査や財産没収の執行猶予を願い出ながら稲葉家を守っています。

このように一八七八年六月から一八八一年五月の三年間は、四日市港修築事業史において、事業の進捗上おもてだって大きな進展があったわけではありませんが、三右衛門にとって複数の裁判をかかえ、失踪まで企てた試練の三年間だったのです。

難航する修築工事

一八八一（明治一四）年五月からはじまった第二期修築工事は想像以上に難航し、完成予定の一二月二七日になっても工事は終わりませんでした。このため翌一八八二年一月七日から六月七日まで一五〇日間の工期の延長を願い出ました。しかし、石積みの強度を保つ上で重要な「根固め」という工事は、海中での作業で、海の水が大きく引く大干潮の時間しか枠入れや土台の設営が難しく、その上、普通でも一か月に工事が可能な日数が十二、三日なのに、雨天や波が高くてできない日もあり、この延長期間内にも完成できませんでした。そこで六月七日にさらに二〇〇日間の延長を願い出ることになったのです。

この二度目の延長願に対し、三重県の土木課から六月一四日付で「出来上がった部分と未完成な部分とがわかる図面を作成し、工事の進め方や今後の見通しなどを詳しく調べて報告するように」と通達がありました。これらの書類を整えて、三右衛門が二〇〇日間の延長を願い出た七月六日の時点での工事の進み具合は、「高砂町の海岸だけ根固め工事が終わった」という状態でした。

しかし、その後稲葉三右衛門の工事が再開された形跡は見られません。おそらく最後の延長願は受理されず、工事は打ち切られたものと考えられます。三右衛門が後年報告した工費計算書を見る限り、少なくとも翌八三（明治一六）年一〇月以降は大がかりな工事が行われていません。また息子の甲太郎が父三右衛門の事績をまとめた草稿にも「明治十五年に至りその工事を了せり」と見られます。ただし、すでに造成された稲葉町や高砂町内での小規模な工事は継続されていたようで、一八八四（明治一七）年に三右衛門の褒賞下賜の動きがでるなかで、一一月二三日に三重県令内海忠勝代理から戸籍局長に出された回答書のなかには「目下着手中の事業は別紙の図面中の既築界線内の小築設であります」と記されています（図16㊤参照）。

三右衛門は一八八三（明治一六）年五月には、水谷孫左衛門ら四日市の有力者三人とともに四日市・関ヶ原間の鉄道敷設を工部省に請願しており、この運動に力を注いでいたと考えられます。

通説では、稲葉三右衛門が修築した四日市港は、一八八四（明治一七）年五月に完成したことになっていますが、事実は違ったのではないかと考えています。

のちのことですが、一八八八（明治二一）年一一月に開かれた通常県会での「番外伊藤」の答弁中に、突出波止場は七五（明治八）年の県営事業以来、修築はされておらず、その状況は「沖の方を見渡して左側波止場は途中で曲がるところまでは完成しているが、それより先は石を積んだくらいで放棄されており、その石は崩れて海中に散乱してしまっている」とあります。また一八八五（明治一八）年一〇月二四日、三右衛門は工事のやり残した部分を調べた「四日市両波止残業仕様概算書」「四日市港新開地残業仕様概算書」を県に提出しています。このような状況証拠からも突出波止場を含め港が完成したと考えることは難しいのです。そもそも、すでに述べましたが、八一（明治一四）年五月からはじまった稲葉三右衛門の工事対象には、突出波止場を含んでいなかったのですから当然です。

以上のように、稲葉三右衛門の四日市港修築工事は途上で終わりました。しかし、港の修築そのものは、地方制度が整えられていくなかで、国・三重県・四日市町（のち四日市市）が担う公共事業へと性格を変えながら継続されていきました。

【コラム】お城の石が使われた

四日市港の工事には桑名城の石垣が使われたと言われていますが、これは事実です。国立公文書館の「太政類典第二編　自明治四年八月至同十年十二月（第百九十八巻）」という資料では、一八七三（明治六）年一〇月ごろに、稲葉三右衛門と田中武右衛門が桑名城の「郭内通り」と「櫓多門」、「堀外通り」の石垣を七二〇円で落札していることがわかります。

また、一八八〇（明治一三）一月一五日に三右衛門と兄吉田耕平が県令岩村定高にあてて作成した「四日市港残築之儀ニ付御願」という資料には、工事にあたって「長島・桑名両旧城ノ残石」を引き渡してほしいと願い出ています。これらのことから四日市港修築工事用の石材に桑名城や長島城の石が利用されていたことがわかるのです。

【コラム】明治一〇年代後半の四日市港

明治一〇年代後半の突出波止場工事の進捗がうかがえる図面が三枚あります。一枚は国立公文書館所蔵のもの（図16㊤）で、一八八四（明治一七）年一〇月以降におきた稲葉三右衛門への賞与の動きのなかで、県から国に提出された書類に含まれていました（この動きが八八年一〇月の藍綬褒章受章に結びつくのです）。この図面によれば、稲葉三右衛門が工事を担った高砂町南側の埋立地部分が「将来建築スベキ分・未築宅地」になっており、埋め立てが十分に進んでいないことが判明します。

それでは、三右衛門の工事では着手されなかった突出波止場の状況はどうだったのでしょう。これについてわかる図面が、二枚目の三重県総合博物館所蔵「四日市港近傍町村之図」（三〇〇〇分の一）です（図16㊦）。これは一八八六（明治一九）年六月に三重県土木課が四日市港周辺を測量したものです。図面の裏側には「明治十九年六月測量図ヲ以謄写之」「20 Sept 1887」（一八八七年九月二〇日）と書き込みがあるので、八七（明治二〇）年九月二〇日に八六年六月に作製した測量図を写したものです。これを見ると、二本の突出波止場の先端部分は、ともにくっきりとした輪郭が描かれていません。とりわけ「表波止」「本波止」と称される稲葉町から突き出た曲線波止場の根元部分は削り取られたようになっており、中間あたりから先端部分までは、波止場の輪郭が不鮮明です。

三枚目の図面は、四日市市役所が所蔵する「明治廿二年五月　町会事務書類綴」に収められた「両波止修繕略図」です（図17）。これは一八八九（明治二二）年一〇月に四日市町が、

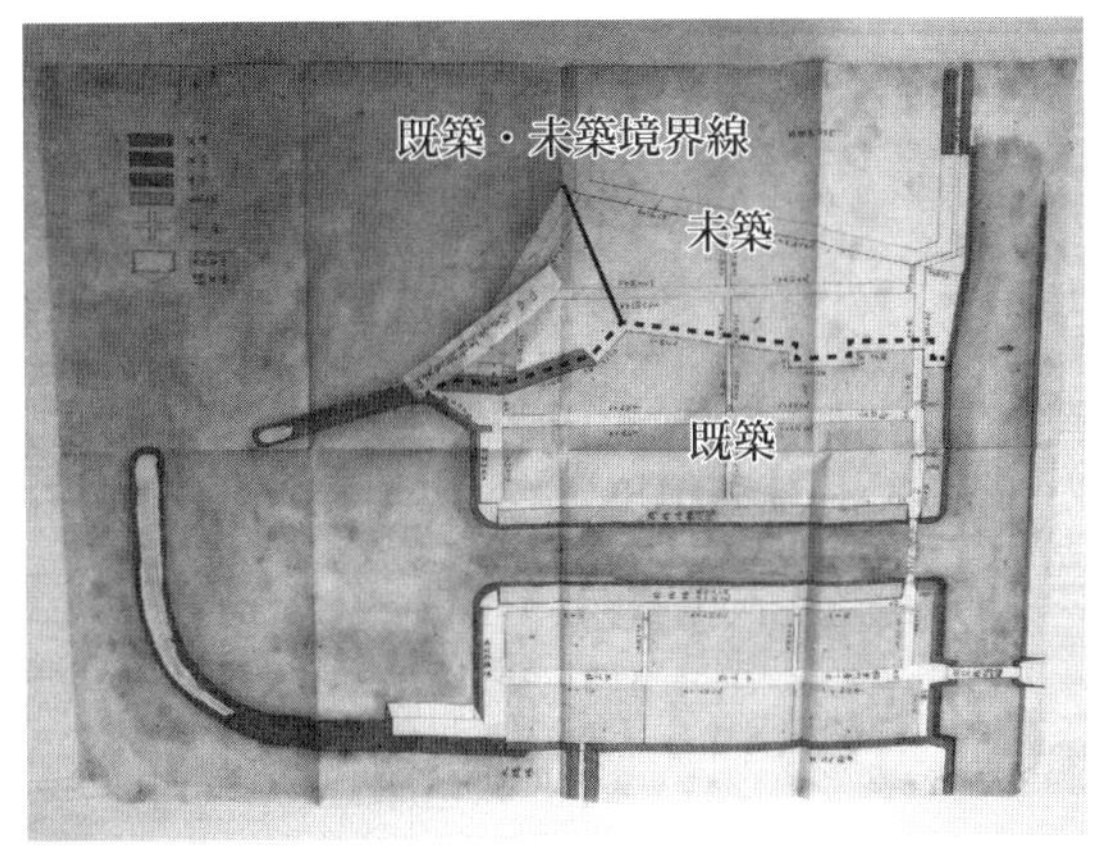

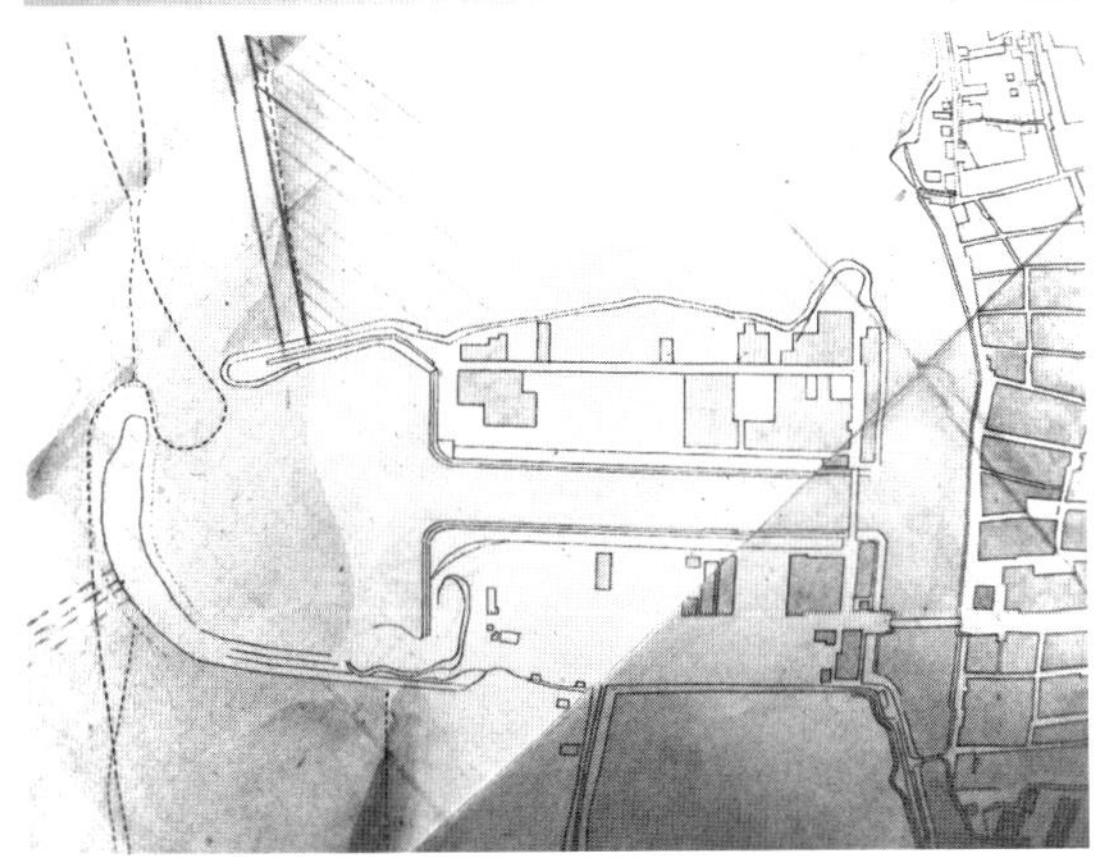

図16　1884（明治17）年（上）と1887（明治20）年の四日市港絵図

三重県に突出波止場の修築を願い出るかを町会（議会）に諮（はか）るために作成された起案に添付されたものです。「石垣有形」（彩色部分）と修繕が必要な箇所が区別されています。この図面も稲葉町から突き出た曲線波止場の根元部分と、湾曲部から先端部は修繕が必要な箇所となっています。

さきほどの八四年の図面（図16㊤）でも、突出波止場の同じ部分に「石垣」を示す彩色がなされていないことがわかります。さまざまな状況を考え合わせると、一八七七年に県営事業が中断して以降、突出波止場は修築工事がなされないまま放置されていたことが、図面からもうかがうことができるのです。

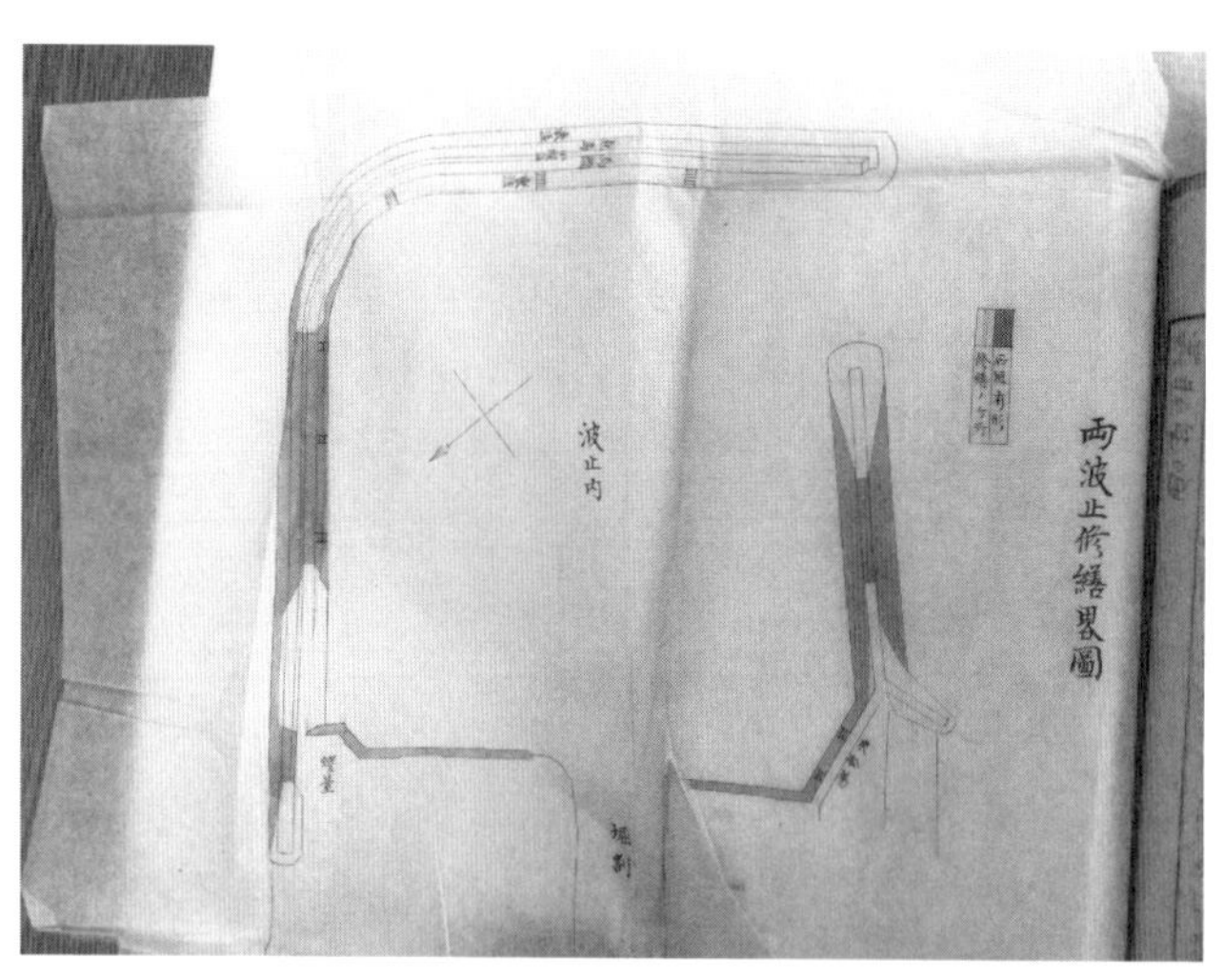

図17　1889（明治22）年の波止場修築計画略図

修築工事費用とその返済

これまで修築事業を終えた稲葉三右衛門は「私財のほとんどを使い果たし、莫大な負債を残した」とか「家業を子息に譲って身を退き、和歌・茶道・書道などに明け暮れる日々を送った」と伝えられてきました。

では、稲葉三右衛門が四日市港修築事業で使った金額はどれくらいだったのでしょう。そして三右衛門に残された負債（借金）はどれくらいで、どのように返済したのでしょうか。次はこの点について、これまでにわかってきたことを述べていきます。

稲葉三右衛門が四日市港修築事業に投じた金額は「二〇万円」と言われてきました。実際に一八八六（明治一九）年ごろの記録によると次のようになります。

第一期修築事業費（一八七三年三月～七四年三月）　四万六七四三円二一銭四厘
第一期修築事業費負債金一万三三〇〇円の利子（一八七四～八六年）　二万八二六六円一五銭
訴訟・奔走費負債金　二万五〇〇〇円
訴訟・奔走費負債金利子（一八七五～八六年）　四万八四七二円七〇銭四厘

第二期修築事業費（一八八一年五月～八三年一〇月）　二万〇〇八六円六〇銭三厘
第二期修築事業費負債金三万円の利子（一八八一年四月～八六年）　一万三八〇〇円
合計　一八万二三六八円六八銭一厘

この金額がどれほどの貨幣価値だったのかより実感していただく上で、参考として当時の三重県歳出を示しておきます。一八八五（明治一八）年度の三重県全域の土木費歳出総額は、一八万七四一六円でした。つまり一年分の三重県の土木費とほぼ同額だったのです。

これを見てみると、確かに二〇万円に近い費用がかかっています。しかし純粋に工事にかかった費用はおよそ六万七〇〇〇円で、全費用の三六パーセントです。多くが借入金の利子、裁判・奔走費用などでした。三右衛門による修築事業は多額の借入金を要しました。稲葉家の「金銭出納帳」からは親類の吉田耕平・山中伝四郎のほか第七十六国立銀行（吉田耕平開業）・三菱汽船会社・濃陽会社（岐阜県）から大口の借入を行っています。例えば一八八一（明治一四）年四月、吉田耕平から一〇〇〇円、五月、稲葉町一円を担保に三菱会社から一万二〇〇〇円を、翌年四月には第七十六国立銀行から一五〇〇円、八月には岐阜県濃陽会社から七五〇〇円、吉田耕平から三〇〇〇円と次々と借り入れています。これは元金や利子の返済期限が迫ると、それを新たな借入によって返済する方法をとっていたためです。

一八八九（明治二二）年当時、三右衛門が多額の返済に苦悩していたことがわかる資料があります。それによると左のようになります。

（支　出）
負債総額　一三万〇九八九円
内　訳
利子がかからない親類からの借入金　七万八〇〇〇円
利子がかかる借入金　五万二九八九円五三銭
借入金の利子　年五一九三円五四銭
租税（地租・地方税・町費）　年一一八四円六四銭

（収　入）
手元に残る借地料収入　一八四五円四六銭八厘
借地料　年四一三七円五一銭六厘から債主への返済にあてた二二九二円四銭八厘を差し引いた金額

これを見ると、三右衛門の収入源は借地料でした。借地料の収入は年間四一三七円五一銭六厘ですが、ここから直接債権者への返済分として二二九二円四銭八厘が引かれて、三右衛門のもとに残る実際の借地料収入は一八四五円四六銭八厘でした。圧倒的に支出が収入より上回っていることがわかります。一八九三（明治二六）年四月に稲葉家は茶道具・書画数千点を競売にかけていますので、このころもまだ苦しい状態だったと思われます。ただし、三右衛門にはおよそ一万坪の土地がありました。まだ十分な検証ができていませんが、この土地の権利譲渡か売却が稲葉家の家計の回復のきっかけとなった可能性があります。例えば、一八九一（明治二四）年三月二九日の伊勢新聞紙上に「高砂町の地主は稲葉氏となっているが、その実は岐阜県吉田耕平氏の所有となっている」とあり、また一八九三（明治二六）年六月三〇日の記事には「高砂町、稲葉町の過半は岐阜県吉田耕平氏の所有であって…」とあります。実兄吉田耕平は第七十六国立銀行を設立している資産家であり、土地の所有権の譲渡を条件に、三右衛門の債務を肩代わりしたのかもしれません。あるいは借金の担保として取り上げたのでしょうか。今後、この点についてはさらに追究していきたいと思います。

　こうした苦しい状況がわかる資料が残る一方で、一八九四（明治二七）年八月には、日本郵船

開業廣告
弊店儀今般日本郵船會社荷扱
問屋業開店仕懇篤を旨とし勉勵取扱仕候間
何卒不限多少御出荷御愛顧御引立之程偏に奉希
上候以上
伊勢國四日市港中納屋町
明治廿七年八月
稲葉三右衛門回漕店

図18　稲葉三右衛門回漕店開業広告

会社荷扱問屋として稲葉三右衛門回漕店を開業（図18）、一八九六（明治二九）年一一月には、実兄山中伝四郎らとともに日本郵船株式会社の荷物を取り扱う四日市回漕合資会社を設立していて、新たな事業を展開していることもわかってきています。

藍綬褒章を受章する

稲葉三右衛門は一八八八（明治二一）年一〇月に藍綬褒章を受章しました。藍綬褒章とは、産業の振興や社会福祉の増進にすぐれた業績をあげた人物や、国や地方から依頼された公共の事務に尽くした人物に贈られます。

稲葉三右衛門の藍綬褒章の受章について、従来、私財をなげうって一八八四（明治一七）年に四日市港を完成させた功績が認められたからと伝えられてきました。しかし、それは史実ではないことがわかってきました。

国立公文書館に、稲葉三右衛門が藍綬褒章を受章したいきさつがわかる資料が保存されています。それを確認すると、三右衛門に藍綬褒章を与える動きは一八八四年からはじまっていました。この年の九月二六日に三重朝明郡長（当時の四日市は三重郡に属していました）から内海忠勝知事に、三右衛門は「公衆（一般の人びと）に便益を与えた篤志者」であり、三重県庁でしっかりとその事情を洞察して、しかるべき評議をしてほしいと願い出ています。ただ、ここでは築港工事の「発起者」として三右衛門の功績を評価したもので、港を完成させた功績をたたえたものではありませんでした。現にこの上申書のなかで、工事は「いまだ充分な成功は見られない」と述べられています。

三重朝明郡長からの願い出をうけ、三重県では、一〇月一六日に内務卿（内務省の長官。当時は山県有朋）にあてて「公益ニ関スル起業者褒賞ノ儀ニ付具状書」という願書を出しています。これにも大変興味深い推挙理由が記されています。書類の前半は四日市港の工事が行われたいきさつを記し、稲葉三右衛門が資力を使い果たして破産し、ついに竣工の期限に遅れ完成できなかったことは遺憾この上なく、三右衛門にとって実にあわれな結果だと述べています。そして三右衛門の築港計画が当時の四日市の「便益」のはじまりであり、三右衛門は「公益に関し功績著明なる者」で、このまま世の中に知られず埋もれてしまっては「管内の有志者が起業の精神を沮廃する憂い」がある。つまり、起業する後進が現れなくなりかねないと書かれています。

一二月二四日、内務卿は賞勲局総裁にあてて「賞与之儀ニ付申牒」を出して褒章授与を行いたいと伝えています。その理由には、長年築港事業に尽力し、一家の財産を費やした奇特者（優れた人物）だからだとあります。この書類にも「工事は未だ成を告げずといえども、これまでの功績は明らかであり、至急詮議いただきたい」と記されています。

ところが、この動きは賞勲局の段階で約四年間止まってしまいました。再び動き出したのは一八八八（明治二一）年九月二七日になって山崎直胤知事（このとき知事は石井邦猷を経て山崎直胤知事に替わっていました）から賞勲局総裁にあてて追申を行ってからです。その書類には「波止場はやや不完全ではありますが、現在三重県では工費五〇万円規模の築港計画があり、もしこの工事が落成した場合、稲葉三右衛門が築いた港の意義が大きく失われて、まるで無駄な工事をしたような状態になってしまいます。そうなる前に早急に賞与をしていただきたい」とあります。この工費五〇万円の築港計画とは、三重県が以前から構想していたヨハネス・デ・レーケの設計に端を発する巨大四日市港築港構想です。

その直後の一〇月五日に三右衛門への藍綬褒章授与が決定しました。その文面には、「本来ならば港の竣工を待って授与するつもりだったが、知事の申牒もあり認めた」と但し書きが添えられています。一〇月一三日付官報一五八九号には次のようにあります。

○藍綬褒章下賜　去ル五日賞勲局ニ於テ藍綬褒章ヲ下賜セシモノ左ノ如シ

三重県伊勢国三重郡四日市中納屋町

稲葉　三右衛門

夙ニ四日市港ノ壅塞ヲ憂ヒ力ヲ築港事業ニ尽シ海浜一万四千余坪ヲ開築シ溝渠ヲ鑿チ漕輸ヲ通

シ埠頭ヲ築テ船舶ニ便シ為メニ一家ノ私財ヲ傾タルニ至ル其績方ニ顕ハル依テ明治十四年十二月七日勅定ノ藍綬褒章ヲ賜ヒ其善行ヲ表彰ス

このように藍綬褒章の受章理由は、築港工事の竣工による功績ではなく、工事の起業が四日市の発展につながったと評価されたためと、当時新たに持ち上がった巨大四日市港築港プロジェクトによって三右衛門の功績が薄まり、社会に埋没してしまうことが、将来四日市の発展にマイナスとして作用することを避けたいという行政官側の判断があったからでした。それがいつのまにか三右衛門が八四年に港を完成させ、その功績で藍綬褒章を受章したと解釈されるようになっていったのです。

「稲葉三右衛門君彰功碑」の建造

高砂町の地先に現在も「稲葉三右衛門君彰功碑」があります（写真3）。これは四日市十二日会や市会・商業会議所の有志が発起人となって、三右衛門の功績を不朽に伝えるために建設されたものです。建設費を集めるために寄附金を募集しました。寄附金は一六四二円集まり、工事は一九〇三（明治三六）年一一月一日に着手され、翌一九〇四年二月一〇日に完成しました。彰功碑は高砂町にあった三重鉄工所で鋳造されています（碑は鉄製、台は石材）。建設費は一七〇一円五五銭（三〇〇円の維持基本金を含む）でした。

　五月八日には除幕式が行われています。市長の除幕の辞や四日市商業会議所の会頭、四日市十二日会員総代の祝辞、彰功状の授与、三右衛門をたたえる歌が詠じられ、除幕式典は盛会のうちに終わりました。この日の様子は五月一〇日の勢州毎日新聞に「（三右衛門が）碑前に進み、紅（くれない）の紐を引くと碑を包んでいた紅白の布がサッと開いて碑があらわれた。『稲葉三右衛門君彰功碑』の文字が光彩を放って一同の眼（まなこ）に映ると、たちまち急霰（きゅうさん）のごとき拍手がおこった」と報じられています。

　稲葉家文書のなかには彰功状が残っています。

写真２　稲葉三右衛門君彰功碑（戦前絵はがき）

彰功状

貴下四日市港開築ノ功蹟ヲ表彰センカ為(ため)、当港海岸ニ紀念碑ヲ建設シ、以テ之ヲ不朽ニ伝フ

明治三十七年五月八日

発起者　四日市十二日会

四日市市会議員有志

四日市商業会議所議員有志

稲葉三右衛門殿

貴下

頌稲葉翁功徳歌

よのうき波を止めむとて　我家の門を通れとも　いらてよきりし唐土の望もいかて及ふへき　てる日の本の　国の富　殖さむものと　一すちに　思ひ込たる　まこゝろを　家のたからをつくしたる　しるしはよゝにかくれなく　海には浮ふ　たから船　くかにわならふたから庫　かゝるけしきをみむ人わ　誰か善事に　勇まさる　誰かみかけを仰かさる

けに治まれる　大御代の　人の鑑とてらすなる　稲葉の翁の其功　思へは深し伊勢之海　霞か浦

のみなとこそ　さかゆく御代の実なれ
艇の小船のよるへなみ　よはの嵐に村肝
の　心くたきしいにしへの　様はとゝへ
は名にたてる　浦の松風答ふらく　梢の
しらへ　しらふれと　浜の真砂のうれな
らて　よめともつきす其辛苦　うたへと
つきす其ほまれ　霞か浦に　みをつくし
心つくしゝ　其人わ　こゝらのたから
つくせとも　名にこそ残れ　其波止場　よをこうてらせ　其しるし　朽ちぬ其名を　語りつき
いひつきゆかむ　波のよわ

明治三十七年五月八日

福田由道　謹詠

（勢州毎日新聞一九〇四年五月一一日）

写真３　現在の稲葉三右衛門君彰功碑

なお、戦前の絵はがきに写る彰功碑と比べてみると、現在の碑は、先端部にあった鉄製の鋳造物が失われていることがわかります。

稲葉三右衛門の死

一九一四（大正三）年六月二二日、稲葉三右衛門はこの世を去りました。享年七八。拾玉庵釋對潮信士。葬儀は二四日に自宅で行われました。県や市の重役・議員、日本郵船株式会社、商業会議所、三重紡績株式会社、四日市回漕・便宜両合資会社、四日市倉庫株式会社、四日市銀行といった経済界から五〇〇名以上の人が会葬し、別れを惜しみました。

稲葉三右衛門の銅像が建つ

四日市市の市制施行（しせいしこう）満三〇年の記念事業の一つとして、稲葉三右衛門の銅像を建てる計画が一九二七（昭和二）年にもちあがりました。一一月一六日の伊勢新聞に「稲葉翁の銅像　町総代会が極力奔走す」という見出しで記事が載っています。建設予算は八〇〇〇円とし、町総代会が中心に寄附金集めをしているが、まだ三二四五円しか集まっておらず、寄附金の募集について前日一五日に町総代幹事会で話し合ったという内容です。

翌一九二八（昭和三）年三月までに銅像本体は完成しましたが、まだ設置場所は決まっていませんでした。四月一日の伊勢新聞夕刊では「五月頃に建設に着手し、六月には竣工する」と報じられています。建設候補地は当初「築港税関前」と「諏訪公園」の二か所ありましたが、五月一三日の伊勢新聞夕刊を見ると、昌栄橋畔に建設することが決まったとあります。そして除幕式典で小学校、専修学校、高等女学校の児童生徒が歌う「頌歌（しょうか）（ほめたたえる歌）」も完成しました。

稲葉翁銅像除幕式の頌歌

四日市商業学校教諭　三谷為三作歌

同高女教諭　飯田雅子作曲

一、五百重（いおえ）の浪路渡りくる

文化の潮（うしお）せき入れし

図19　稲葉翁銅像除幕式の頌歌

人のいさをに恵まれて
いや栄えゆく四日市。

二、ねむる時世（ときよ）の朝明けに
ひとり目ざめて町のため
心をつくし澪（みお）つくし
深くも樹（た）てし港神（みなとがみ）。

三、瑞穂のゆかり名美（なぐわ）しき
稲葉のきみが御像（みすがた）を
今ぞ仰（あお）ぎてかしこくも
さゝげまつらむ頌歌（たたえうた）。

七月一三日建設が終わり、外柵の整備も終えて、八月九日に除幕式典が挙行されました。四日市市長以下、市の有志三〇〇名余と商業高女各小学代表児童ら五〇〇名が参列しました。除幕の任をつとめたのは三右衛門の孫の誠太郎（一九〇〇年一二月三日生）です。

写真４　伊勢新聞掲載の三右衛門銅像除幕式

銅像建設工費は八五〇〇円、銅像の高さ七尺五寸（約二・三メートル）、台石を加えれば一丈六尺五寸（約五メートル）もありました。八月一〇日の伊勢新聞紙上に掲載された写真4を紹介します。

しかし、この銅像は第二次世界大戦中に供出されてしまいます。その後一九五六（昭和三一）年に四日市市によって現在のＪＲ四日市駅前に銅像が再建されました。二代目銅像の台座には次のように刻まれたプレートがはめ込まれています。

四日市の先覚者　三右衛門翁は天保八年岐阜県高須町に
生まれのちに中納屋町の稲葉家をついだ
早くから四日市港の不備をうれい明治六年その修築に着
手しあらゆる困苦にたえ巨大な私財を投じ同十七年つい
にこれを完成して四日市港発展の礎を築いた　功により
明治二十一年藍綬褒章を賜った
昭和二年翁の先見の明と不屈の精神をたたえ昌栄橋畔に
銅像を建設したが太平洋戦争のために供出された

写真５　稲葉三右衛門銅像（戦前）

今回この再建にあたり十七万市民の絶大な協賛によって四日市駅頭に再び翁の偉容を仰ぐことができた　これは翁の遺徳によるとともに市民の喜びである

昭和三十一年十一月文化の日　　光城書印印

稲葉三右衛門について見直す

私の地元四日市では、稲葉三右衛門による四日市港修築事業は、三右衛門が「私財をなげうって公共の利益に尽くした」「私を捨てて公に尽くした」ものとして語られています。

「吾十万金ヲ費シ而シテ四日市ニ百万金ヲ利セシメハ、是レ四日市ニ九十万金ノ利ヲ余スモノナリ（私が一〇万金を費やし、四日市が一〇〇万金の利を得るとすれば、これは四日市に九〇万金の利益を余すこととなる）」。これは三右衛門による四日市港修築事業を美挙として賞賛する際に、よく取り上げられるシンボリックな表現ですが、すでに一八八九（明治二二）年に刊行された『近世商工業沿革略史　附録名家実伝』に登場します。これは前年に稲葉三右衛門が藍綬褒章を受章した影響が大きかったと思われます。この文献では「吾、これ（四日市築港）が為に財産を抛たんことを決せり」と事業に立ち上がったとも記されています。「私」を捨て、無償の社会奉仕をする三右衛門のイメージは、かなり早い時期に形成されていたのです。そして、平成時代に編纂（へんさん）された『四日市市史』に至るまでその稲葉三右衛門のイメージは、一貫して踏襲（とうしゅう）されているようです。

しかし、実際の歴史資料の分析をとおすと、語り継がれてきた三右衛門のイメージとはかなり隔たる点が浮き彫りになってきました。

例えば、三右衛門が県に提出した修築願書には、かならず工費の償却案も提示されており、また稲葉町・高砂町の造成地は私有を主張し、それが認められると借地料も徴収しています。

三右衛門は公益と私益を明確に区別していて、彼が行った四日市港の修築事業には、四日市商業の発展を促すという公益性と、自らの家業も盛大にし、造成地を運用することでさらなる利益を生むという私益性が混在したものであったと感じられるのです。こうした三右衛門の姿勢は、港を拠点に生計を立てる商人であったことを考えれば、ごく自然な発想であったと言えるで

写真６　稲葉三右衛門銅像（現在）

しょう。ところが、私益を追求する側面はこれまで語られることなく、ことさらに「公益に尽くした稲葉三右衛門」が強調されてきました。

そうした理由の一つには、実際の工事がはじまると、さまざまな要因によって当初想定したような成果をあげることができず、逆に工費の債務償還に相当年月苦慮したことが考えられます。当時の人びとの目には、幾多の困難に直面しながらも、事業を放棄することなく、家財を損耗するほど莫大な費用を投じてやり通した三右衛門の姿が映ったにちがいありません。そして、一八八八（明治二一）年一〇月の藍綬褒章の受章は、それをより強烈に印象づける装置の役目を果たしたことでしょう。

もう一つは、三右衛門を顕彰(けんしょう)する側の思惑も関係していると思うのです。例えば藍綬褒章の受章理由を思い出してください。三右衛門の業績をたたえなければ、公共に尽くす第二の三右衛門が現れなくなってしまうとの危機感がありました。また彰功碑が建造された一九〇四（明治三七）年は、「臥薪嘗胆(がしんしょうたん)」の時期を経て日露戦争へと進み、国民に戦争への協力を求めた時期でした。そうした時期に公益のため私を捨てて立ち上がる人物として、稲葉三右衛門が恰好な存在として持ち上げられた可能性があります。こうした伝える側の思惑によっても稲葉三右衛門のイメージが、都合良くつくり出されていった可能性を考えていく必要があります。

【コラム】稲葉三右衛門による一八八四（明治一七）年完成説はいつから

私は稲葉三右衛門による四日市港修築事業史のなかで「一八八四年に波止場を完成した」といつから言われるようになったのか、とても気になっています。多くの資料を意識して見てきましたが、「波止場（埠頭と表記されることも多い）を完成」と「一八八四年に完成」が言われるようになる時期は異なっています。

まず、波止場（埠頭）が完成したとする資料ですが、これは「藍綬褒章を受章する」に記した三右衛門の藍綬褒章の文中「海浜一万四千余坪ヲ開築シ溝渠(こうきょ)ヲ鑿(うが)チ漕輸ヲ通シ埠頭ヲ築テ船舶ニ便シ」が強い影響を及ぼしています。早くも翌年一一月に出た村山登志雄著『近世(きんせい)商工業沿革略史(しょうこうぎょうえんかくりゃくし)　附録名家実伝(ふろくめいかじつでん)』には「開築スル事一万四千有余坪ナリ且ツ溝渠(こうきょ)ヲ鑿(うが)チ埠頭ヲ造リ以テ漕輸ヲ便ニセリ」と見えます。少し違いますが、褒章文をもとにしていることはまちがいないでしょう。

次に「一八八四年完成」がいつごろから登場するかですが、今のところもっとも早い資料は、一八九三（明治二六）年五月印刷発行の杉田棄三郎編輯・阿保友一郎校閲『三重県徳行録』です。「開築に要したる悉皆(しっかい)の費金(ひきん)は最初より十七年六月までに七万弐千円余の巨額に達せりと云ふ」とあります。ここでは工費の計が八四年六月現在で七万二〇〇〇円余と述べているにすぎず、はっきり「完成」と言及しているわけではありません。一九一五（大正四）年一一月印刷発行の『先賢遺芳』で「（明治）十七年に至り多年の宿志始めて成るを得たり」とあります。十分に絞り込むことはできませんでしたが、現在のところ「一八八四年に完成」は、一八九三年から一九一五年の間に形成されたと考えられます。

そしてこの二種類の情報が合わさって著された資料として一九二八（昭和三）年の昭和天皇の大礼に贈位を受けた人物の事績を記した「昭和大礼贈位書類　第二十二冊（雑ノ三）」（国立公文書館所蔵）があります。稲葉三右衛門の事績には「十七年ニ至リ多年ノ宿志始メテ成ルヲ得タリ此ノ工築造スル埠頭一千二百尺埋立地一万四千余坪中央ニ運河ヲ開鑿シテ舟楫ヲ便ニス」とあります。その二年後の一九三〇（昭和五）年に四日市教育会が発行した『四日市市史』にも「十七年に至つて多年の宿志を達成することが出来た。此工事で築造した埠頭は千二百尺、埋立地は一万四千余坪で、前後投じた家資は実に拾数万円に及んだ。」と酷似した文が見られます。

以上のことから、一八八四年に波止場（埠頭）が三右衛門によって完成したという説は、藍綬褒章を受章した直後に波止場完成説が定着し、一九一五年までに一八八四年完成説が定着し、一九二八年までに二つが合わさって形成されたという仮説が立つのです。

Ⅱ部　行政主導の築港事業

県営事業構想の再燃

稲葉三右衛門が行った四日市港の修築事業では、突出(つきだし)波止場の建設を断念したため、一八七七（明治一〇）年六月に県営事業が中断されて以降、中途の状態で放置されていました。年月が経つと、波などでさらに石積みが崩れていきました。その上、一八八一（明治一四）年九月一三日夜に暴風雨にみまわれ、「四十有余間(けん)」（一間＝約一・八メートル）にわたって大きなダメージを受けたのです。

このようななか、一八八四（明治一七）年六月に開かれた臨時県会（県会には通常県会と臨時県会とがあります。おもに予算を決めます）で「四日市港築港」についての議案が岩村定高県令（旧三重県の参事・権令(ごんれい)・県令時代を含む任期72・9・18～84・7・10）から出されました。

この四日市港築港計画は、稲葉三右衛門による工事が中断した直後の一八八二（明治一五）年九月には、すでに水面下で動きはじめていた可能性があります。九月一七日の伊勢新聞には「このたびその筋においても四日市港は要用と認められ、いよいよ修築される見込みで、内務省土木局は過日より海底の測量に着手されている」と報じています。また岩村県令も県会で「昨冬（一八八三年＝明治一六年の冬）に、小官（岩村県令）より内務省に依頼した測量を終えている」と答弁しています。

岩村県令が県会に提案した背景には、この時期四日市港と連絡する鉄道を敷く計画が具体性を増してきたことがあります。三重県は海の玄関である港と鉄道をつなぐことによって物流を一層活発にさせようとしたのです。

一八八三年五月に稲葉三右衛門や水谷孫左衛門（まござえもん）ら四日市の有力者四人が、四日市と岐阜県の関ヶ原を結ぶ鉄道を敷くよう工部省（こうぶしょう）に願いを出し、八四年四月になると桑名の有力者諸戸清六（もろとせいろく）や稲葉三右衛門など県内・県外合わせて五〇人（このなかには渋沢栄一の名前も見られます）が、四日市と岐阜県の垂井（たるい）間を桑名経由で結ぶ鉄道（濃勢（のうせい）鉄道）を、自分たちで費用を出して敷くことを工部省に願い出ていましたが、臨時県会の直前の五月になって、中山道（なかせんどう）鉄道の一部として大垣・四日市間を政府の予算で敷設（ふせつ）するという方針が伝えられたのです。岩村県令にとって四日市港築港を実行に移す好機と感じられたにちがいありません。官設鉄道敷設の計画が伝わると、濃勢鉄道の私設構想も消えてしまいました。ただ、この官設鉄道敷設計画は八九年に中止されてしまいます。

では、再び四日市港の話にもどります。さきほど述べた臨時県会より半年ほど前のことになりますが、一八八三（明治一六）年一二月一五日の伊勢新聞には次のような記事が載っています。

明治十一、二年のころ、岩村県令が四日市港修築を思い立ち、工費額四、五十万円の予算で県民に諮（はか）ったことがあったが、当時の民度はまだこれに応じることができず、そのままのびのびになり本年となった。近ごろ諸方に鉄道の敷設工事が行われ、同地も関ヶ原より敦賀（つるが）（福井県）に至る線路を敷くからには是非（ぜひ）四日市港を修築しないわけにはいかないと、岐阜・愛知の両県にも四日市港修築を唱える者が多くなってきたので、再び県令より県民に諮ったところ、今回はおおいに賛同する者が多く、桑名では佐藤某（なにがし）、四日市にては三輪某らが非常に尽力し、すでに一〇万円は同地方の有志者より出金することとなっている。まず予算額を四〇万円とし、不足分の一五万円は地方税より徴収し、残り一五万円は政府に請願しようと、岩村県令は今度諮問会で出京するのを幸いに事情をその筋へ上申して、しきりに尽力中だという。果してどうだろうか。

臨時県会では岩村県令から、「鉄道局では大垣から四日市港までの鉄道が計画されているが、鉄道局内には築港計画が定まらなければ鉄道敷設の決定を出すのは難しいとの意見があります。県として国の予算で工事を行えるよう強く願い出ていますが、河川や港に関する事業は一般に地方税で行うべき事業とされているため、少なくとも一部は地方税負担を覚悟しなければ、国の理解を得るのは難しい」と、地方税を使用する是非が諮られました。工事の規模は、内務省の土木局出張員の見解では総工費がおよそ五〇万円で、その四割の二〇万円を四、五年かけて地方税で負担するという具体的な数字も出ましたが、岩村県令は「これは今回の諮問の主旨でなく、議員諸君の参考に供するもので、金額の確定は他日に議会で話し合って決める」と答弁しています。

岩村県令の諮問案については、県会議員から賛成・反対双方の意見が出ましたが、第三次会まで進み、政府直轄の事業とすること、地方税負担については「地方民力応分の金額」を将来議会で審議することなど、大筋で議決されました。ところが、岩村県令は突然七月一〇日付で元老院議官に転任となり、計画は中断してしまいました。

なお、一九一八（大正七）年に発行された『三重県史』には、一八八四（明治一七）年に沖野技師によって工費一七〇余万円の築港計画がなされたとあります。また、一九三二（昭和七）年四月発行の『港湾』第一〇巻第四号掲載の「四日市港修築の概要」（三重県土木課長　宮内義利著）には、内務省の技手沖野忠雄が一八八四年に工費三一二万七二八六円の計画を立てたと見えます。工費にはかなりの隔たりがありますが、岩村県令か次の内海忠勝県令（任期84・7・10〜

85・4・18）の時代に、大規模な築港計画が打ち出されたことになります。しかし、この計画についての詳しいことはわかっていません。

【コラム】稲葉三右衛門による修築事業の評価

一八八四（明治一七）年六月の臨時県会での四日市港築港をめぐる議論のなかには、稲葉三右衛門の事業に関連していくつか注目するべきものがあります。まず岩村県令が築港の必要性を述べる諮問案文（書記が朗読）のなかで、四日市港は「天賦（てんぷ）の良港であることはいまさら論弁するまでもない。しかしながら、陸に鉄道の便なく、海に波止場の設けがないため、いまだ運輸で完全な利益をおさめられていないことが、これまで遺憾であった」と述べています。次に伊賀上野出身の立入奇一（たちいりきいち）議員は「もし今議会が与論をもって希望する築港で、稲葉の覆轍（ふくてつ）を踏み、将来人びとが港を見たとき、今日稲葉の波止場を見るような感を起こしてしまうようなことがあれば、議会の体面は果してどうなるだろうか」と四日市築港工事の延期を主張しています。「稲葉の覆轍」、すなわち「稲葉の失敗」という見方もあったのです。こうした発言からも、やはり稲葉三右衛門の修築事業では突出波止場の築造が不十分な状態のまま終わっていたとみるべきでしょう。

灯台の設置

四日市港の灯台についてお話しします。一八八五（明治一八）年一二月に地元有志者のなかで建設に向けて動きが出ていると一二月一一日の伊勢新聞が報じています。その後、戸数割（こすうわり）を財源とすることが決まりました。当初は港の東南にあたる馳出村（はせだし）（四日市市）の岬（みさき）に建設する予定でしたが、波止場に設ける方が、建設費が割安になるとの判断から稲葉町に建てることに決まりました。一八八六年五月に着工され、七月中に落成しています。そして、八月一日から稼働しました。

一八八七（明治二〇）年のヨハネス・デ・レーケ設計案

内海忠勝県令が転任し、一八八五（明治一八）年四月一八日に内務省監獄局長・大書記官だった石井邦猷（くにみち）が県令に着任しました（任期85・4・18〜88・6・29。八六年七月一九日より県令は知事と変更）。石井知事は、土木事業に積極的に取り組みました。

当時四日市では地元の有力者であった九鬼紋七（くきもんしち）や三輪猶作（なおさく）らが四日市築港請願委員となり、民間資本による築港工費の捻出(ねんしゅつ)計画を立てていました。この動きをうけて石井知事は上京し、築港を積極的に政府へ働きかけました。これによって内務省が動き出し、測量に着手します。この測量は再びオランダ人のヨハネス・デ・レーケが担当しました。デ・レーケは一八八七（明治二〇）年八月に四日市に入り、九月下旬まで潮位や水深を確認する測量を行いました。このときデ・レーケが設計した四日市港は、一〇月二〇日の伊勢新聞によると「北部小埠頭の尖端よりその長さおよそ六三〇間(けん)余りの大突堤を湾曲させて突き出し、またこの大突堤の尖端に向って旭村の洲崎より長さ五〇〇間余りの大突堤を作り」、この二本の突堤の内側に船の「定繋場(ていけいば)」を設け、そのために浚渫した泥土で昌栄新田その他を埋め立てて新開地を築くというものでした。工費は総額二〇〇万円とも三〇〇万円とも言われています。

デ・レーケの設計では、波止場（大突堤・埠頭）建設だけでも五〇万円もかかる大工事で、四日市の有志者といえども、彼らの資力だけでは不可能との判断から断念することになったのです。

突出波止場の修補計画

一八八八（明治二一）年一一月の通常県会では、六月に着任した山崎直胤(なおたね)知事（任期88・6・29〜89・12・26）が、突出波止場の修補(しゅうほ)（修復・修繕）を、地方税でどれくらい負担するべきか諮問しました。

四日市南北波止場（突出波止場）は年々波にうたれて壊れ、このまま修補を加えなければ、いよいよ大破してしまうだろう。元来この波止築造の挙は、明治八年より賦金で築造したが、種々の事情によりついに完成できず中止となった。以来航路ますます開けて漁船の出入りが次第に頻繁となった今日では、波止場の修補をしなければ船舶の出入りの便を欠くのみでなく、かえって暴風雨の際に船舶を破壊させてしまうもとになってしまう。そのため修補（波止内の浚渫も含めて）をしようとするが、工費の負担はまだ定まっておらず、そうであるのにこの修補をするにはまずその費途を定めなければならない。すなわち該波止場の工費は、工事金一五〇〇円までは地方税より補助しないものとし、工費金一五〇〇円を超過した分に対して将来地方税と町村費との割合を定めたい。よって本県会で意見を求める。

しかし、波止場自体の所管が定まっていないことや、近々「府県制・郡制」の発布があるため、それを待って議論を再開すべきとの意見が出て諮問案は否決されました。

一八八九（明治二二）年の四日市港海面埋立計画

一八八九（明治二二）年に「市制・町村制」が施行され、四月一日には四日市の二六か町と浜田・浜一色村に末永・赤堀・芝田・久保田村の各一部を加えて「四日市町」が誕生しました。同月一九日に町会議員を選出し、初代町長には堀木忠良が就任しました。

同じ日、九鬼紋七・三輪猶作・稲葉三右衛門・田中武兵衛・八巻道成・船本龍之助・木村誓太郎・諸戸清六の八人は、八七（明治二〇）年のヨハネス・デ・レーケ測量の設計案にもとづき自費による四日市港埋立工事の許可を山崎知事に求めています。

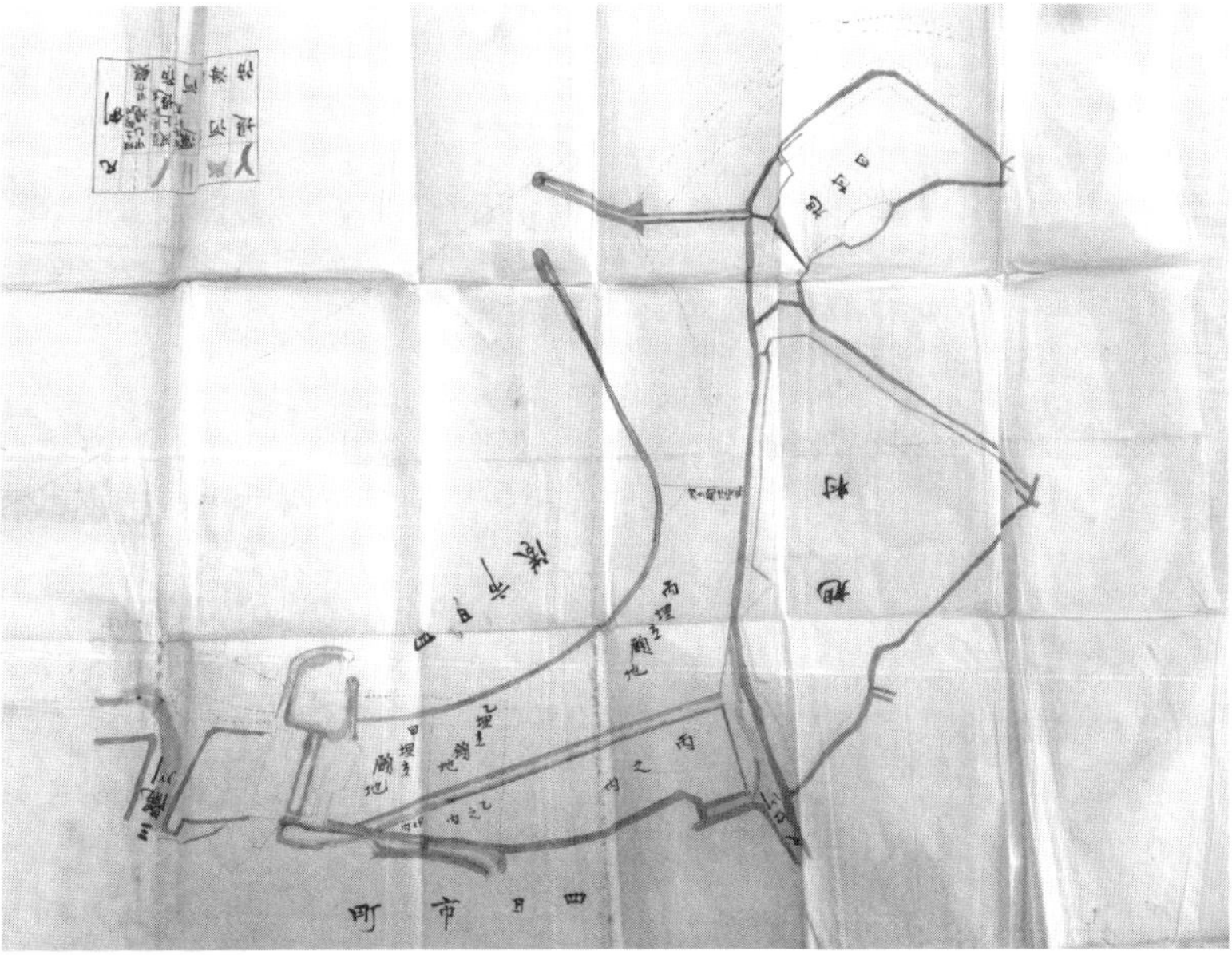

図20　四日市港埋立計画図

埋立予定地は図20の昌栄新田跡地です。これは関西鉄道の四日市・草津（滋賀県）間の開通が間近となり、人口増加・宅地不足が予想されたからでした。これに対し、七月に三重朝明郡長から四日市町会に「八名が埋め立てを願い出た場所は将来築港の事業に関係する場所であるが、出願者に埋め立てさせることに意見はないか至急書面で回答するように」と通知がきました。四日市町会は七月三一日に「埋立事業は将来四日市港の盛衰に大いに影響を及ぼすだけでなく、埋め立ての計画地が四日市町共有の『昌栄新田亡所跡』も含まれており、また町の基本財産を増殖する視点に立てば、個人の事業ではなく四日市町の資力で四日市町として埋め立てることと町会で決議した」と回答しています。この町会の決定によって、八名の埋立計画は実現しませんでした。

八月一三日、三重朝明郡役所から町会として行う埋立方法と費用はどのように考えているのか、予算とその捻出方法の詳細を調査して報告するように催促がなされています。

一八八九（明治二二）年九月一一日暴風雨の被害と修補計画

四日市港の埋立問題でいろいろなやり取りが交わされているなか、一八八九（明治二二）年七月三一日、四日市港は「特別輸出港」に指定されています。これについてはもう少し後の「四日市港が国際貿易港となる」でお話しします。

その年の九月一一日に四日市町は暴風雨にみまわれ、突出波止場が大破しました。一〇月堀木忠良町長は県に、四日市町が港内及び堀川（運河）の浚渫費を負担するので、波止場修補は三重県が地方税で負担してほしいと懇願しました。

山崎直胤知事は一八八九（明治二二）年一一月に開かれた通常県会に、四日市港修補の地方税負担について次のような諮問案を提出しました。

　四日市南北波止場は、年々波にうたれて壊れ、このまま修補を加えなければ、いよいよ大破してしまうだろう。しかし、どこが工事を行うのかが定まらず、修補の責任の所在も定まっていないままである。すでに九月一一日の暴風雨により南の波止場が壊れ、北の波止場もこれまでにも壊れていたがさらに大きく損壊し、船の出入りを妨げるだけでなく、破船の原因にもなっており、このまま放置することはできない。よって修補工事費一五〇〇円までは地方税では負担しないが、一五〇〇円を超過した分は「土木費支弁法」の第四等河川の補助費（一〇分の五）にのっとり、将来地方費と町村費との割合を定めることとする。

山崎知事の諮問案が県会を通過すると、県は同年「土木支弁法」を改正し、第三条第一一項に四日市南北波止場修補費支弁方法を「四日市南北波止場（現在のもの）の修繕はその一工事金一五〇〇円（浚渫費を除く）を超過するものは、その超過の分に対しその工費の半額を地方税より補助する」と定め（県令第六六号）、四日市町に対し波止場修補計画の立案を促しましたが、当時の四日市町は水害復旧費に多額を要し、四日市港波止場修補の計画をなす余力がありませんでした。

波止場の破壊は進み、満潮時には水没して暗礁のようになり、航行する船舶が座礁する事故があいつぎました。このような危険を回避するため、九鬼紋七ら町会議員は、一八九二（明治二五）年七月二二日、港が修補されるまで仮標的を設置することを町会に緊急提案し賛同を得ました。図21のような三角柱の石積み土台に標識となるポールを立てた仮標的が建設されました。建設予算は二〇〇円で、町民の寄附や税金でまかなわれることになりました。工事は三重県土木課へ委託しています。

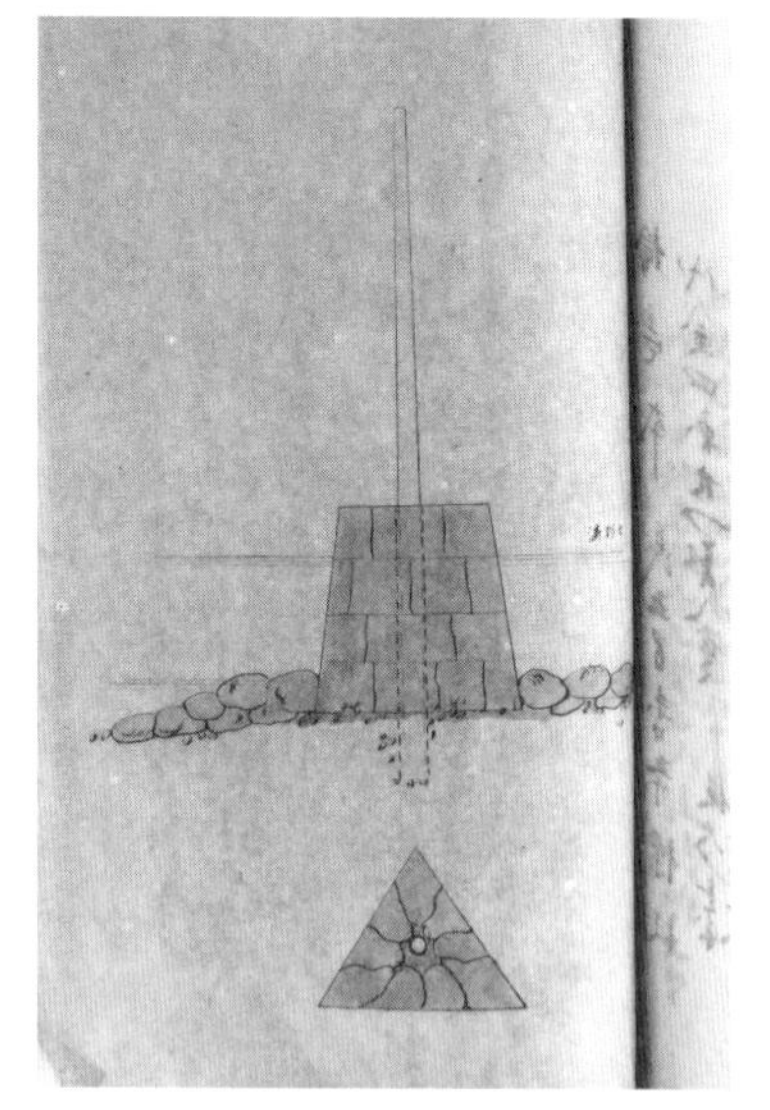
図21　仮標的建設計画図

四日市港修補の大規模予算が成立する

三重県は、一八九二（明治二五）年一一月からの通常県会で「土木費支弁法」の改正案を提出し、当時の四日市港のような「港の存廃に関する大工事」を要する重要港湾の工事には、地方税から多額の支出ができることを可決しました。「土木費支弁法」第三条第一一項へ次のように但し書きを加えました。

第一一項　四日市南北波止場（現在のもの）の修繕はその一工事金一五〇〇円（浚渫費を除く）を超過するものは、その超過の分に対しその工費の半額を地方税より補助する。但し、港の存廃に関する大工事を要するときは本項の制限にかかわらず地方税より補助することがある。

この結果、四日市港波止場修補費として、追加予算一万一五三七円七九銭一厘が成立したのです。

突出波止場の完成

『四日市市史　史料編　近代Ⅰ』によれば、突出波止場の修補工事は一八九三（明治二六）年一〇月に起工されたとありますが、当時の伊勢新聞の報道では、八月中に入札で桑名町の水谷立次郎（水谷商店）が落札し、九月には着工しています。

写真７　波止改築紀念碑

当初は翌年一月三一日に竣工する予定でしたが遅れが生じました。水谷商店は工事を安価で落札しすぎたため、資金不足によって破産状態に陥り、工事から手を引いてしまったのです。その後、山本増太郎という人物が請け負い、工事は無事継続され、一八九四（明治二七）年四月に竣工して、五月五日に波止場開業式が挙行されました。この工事に対する四日市町の負担は一五〇〇円でしたが、その出どころは関西鉄道株式会社などからの寄附金でした。

さらに波止場の完成を記念して同年五月に「波止改築紀念碑」（「四日市旧港港湾施設」の一つ

として重要文化財に指定されています）が建てられました（写真7）。碑の側面には「請負人山本増太郎」「石工　備前　佐々木久吉」と刻まれています。

一八九六（明治二九）年八月三〇日の台風被害

一八九四（明治二七）年四月、突出波止場がようやく完成し、人びとが喜んだのも束の間、一八九六（明治二九）年八月三〇日に三重県を台風が襲（おそ）い、港にも大きな被害をもたらしました。突出波止場も大きく崩れたのです。九月一日の伊勢新聞では、被害の規模を、波止場がおよそ五〇〇間（けん）（一間＝約一・八メートル）、高砂町南の海岸堤防は一〇〇間、稲葉町北の海岸堤防も七〇〇間ほどで、波止場の被害額は一万数千円と報じています。このように一八九四年に築かれた突出波止場は二年余りで再び大破してしまったのです。

「潮吹き防波堤」の築造

「潮吹き防波堤」は、二本の平行する防波堤の間に一筋の溝が通る構造となっています。両防波堤の高さは港外（伊勢湾）側の防波堤の方が低く、港内側の防波堤の方が高くなっています。断面で見ると高さの異なる丸みを帯びたラクダのコブのようになっています。外海からの波を低堤で受け止めて勢いを弱め、低堤を乗り越えた波は、二本目の高堤に当たって両堤の間につくられた溝に落ち、海水は高堤に設けられた五角形の散水路から港の内側へ流れ抜ける仕組みとなっています。この港内側へ抜け出る海水のさまから「潮吹き防波堤」と呼ばれるのです。現在、重要文化財に指定されています。次に潮吹き防波堤の築造経緯をみていきましょう。

さきほど述べたとおり一八九六(明治二九)年八月三〇日の台風で突出波止場が大破すると、翌九七年一月に開かれた臨時県会では復旧のための九六年度追加予算案について、今回の修補工事が「土木費支弁法」第三条第一〇項(この時点で土木費支弁法は改正されていて、四日市港の項目は第三条第一〇項となっていました)の但し書き「港の存廃に関する」工事なのかという議論から話し合われました。県会で議論の末、総工費を一万六五九〇円七三銭五厘とし、四日市町負担分の一五〇〇円を引いた一万五〇九〇円七三銭五厘が予算として可決されました。しかし、この予算は執行されることなく、七月に開かれた臨時県会において、九七年度市町村土木補助費追加予算として再び同額の予算が認められました。結果、今回の修補工費は、一八九四(明治二七)年に完成した突出波止場の工費よりも五〇〇〇円ほど多くなりました。

ところが、実際に工事がはじまったのは、最初の予算案通過から一年以上も経った一八九八(明治三一)年三月でした。なぜ工事開始までに時間がかかったのでしょうか。

それは、三重県は、一八九四（明治二七）年に築いた突出波止場がわずか二年で大破してしまったこともあり、技術を尽くして頑丈な波止場を築きたいと思い、内務省土木局の第四区土木監督署（愛知県名古屋市にありました）の技師に任せ、十分な時間をかけて設計しようとしていたからです。この技師が誰かはわかっていません。しかし、一八九六年の『職員録』（国立公文書館所蔵）を見ると、この前後に四日市港の設計にかかわった沖野忠雄（兵庫県士族）や原田貞介（山口県平民）の名が見られます。彼らがこの突出波止場の設計にもかかわっていた可能性があります。

また、四日市町から、突出波止場の建材に服部長七が発明した「人造石」を使いたいと

写真８　潮吹き防波堤（戦前絵はがき）

いう要望も出ていました。服部長七は、愛知県碧海郡新川町（愛知県碧南市）出身の実業家で「人造石」の製法を考案した人物です。彼が作った人造石は数々の港湾土木事業に使用されていました。おもな港湾関係の事業には、明治一〇年代に行われた広島県宇品港、愛媛県三津浜港の築造があります。

三重県は、はじめ人造石の使用に慎重な態度を示していましたが、服部長七から人造石で築造した場合、災害で破損しても何度でも修復するという申し入れがあったことや、彼の人造石で築いた宇品港が非常に頑丈であるという評価をきいて、前向きに検討するようになっていきました。

しかし、人造石を使用すると工費が当初の予定よりも高くなることから、県ではそれを四日市町で負担できるかを確認しています。当時、市制の施行を直前にひかえた四日市町では（市制施行は一八九七（明治三〇）年八月一日）、これを四日市市となってから検討することとし、翌一八九八（明治三一）年三月に議決されました。こうしてついに工事がはじまったのです。工事は八月一七日に完了し、一一月二七日に落成式典が挙行されました。

この工事で築かれた突出波止場は、当時の伊勢新聞に「復堤」として次のように報じられています。

> 防波堤の間に一筋の溝を通し、復堤のところどころに散水路を設けている（中略）これまで

のように石の固定にセメントを使わず、すべて服部長七氏のいわゆる人造石を使用している。

報じられた特徴は、まさに現存する「潮吹き防波堤」と一致します。

さらに、この人造石は、潮吹き防波堤だけでなく、稲葉町と高砂町の護岸復旧工事にも使用されました。波止場修補と護岸復旧工事の総工費は二万五二四三円三銭八厘で、県の負担は一万五〇九〇円七三銭五厘、四日市市の負担六〇二九円六七銭一厘、そのほか有志からの寄附金が七五〇円、服部長七の寄附金三三七二円六三銭二厘でした。県の負担額は当初の予算どおりで増額はなく、人造石使用による超過分は四日市市の負担の大幅な増額と、服部長七や有志者による多額の寄附金で補われました。このため服部長七は一九〇〇（明治三三）年二月に賞勲局より銀盃を下賜されています。

これまで「潮吹き防波堤」の築造年は、一八九四（明治二七）年とされてきましたが、一八九八（明治三一）年と訂正する必要があります。

「潮吹き防波堤」築造年代が誤って伝わった理由

「潮吹き防波堤」が、なぜ一八九四（明治二七）年築造と誤認され、語り継がれてきたのでしょうか。これについて私の推測をまとめておきます。

それは二つの要因があったと考えています。一つは、一八九六（明治二九）年八月三〇日の台風が、四日市の災害史から脱漏していたということです。これまで四日市では一九三〇（昭和五）年、一九六一（昭和三六）年、二〇〇〇（平成一二）年と三度『四日市市史』が編纂されてきましたが、いずれの版にもこの台風による被害は取り上げられませんでした。また、四日市港の歴史を詳述した『四日市港史』や『四日市港のあゆ

写真9　現在の潮吹き防波堤（上）と散水路（港内側）

み』にも記されていません。これに対し一八八九（明治二二）年九月の暴風雨はすべてに記載されています。

もう一つは、「潮吹き防波堤」とともに「波止改築紀念碑」が現存していることです。この石碑は一八九四年の突出波止場の落成に合わせて同年五月に建てられたものです。

この二つの要因が結び付いたとき、すなわち一八九六年の台風による港大破の史実が語られないなかで、現存する「波止改築紀念碑」の建造年が「潮吹き防波堤」の築造年にスライドされ、「潮吹き防波堤」が一八九四年に完成したという誤った歴史がつくられたのではないでしょうか。

Ⅲ部　港は成長し続ける　世界の四日市港へ

四日市港が国際貿易港となる

日本は江戸時代の終わりに開国して以来、長い間制限してきた外国との貿易を再開しましたが、明治時代はじめのころ直接外国と貿易ができる港（開港場）は、横浜（一八五九年開港）・長崎（同年開港）・函館（同年開港）の三港でした。やがて神戸（一八六八年開港）・大阪（同年開港）・新潟（一八六九年開港）が追加されて六港になりました。その後も政府は段階をふんで開港場の拡大を進めます。

一八八三（明治一六）年、日本人所有の船が、朝鮮・ウラジオストック・ロシア領沿海州・サハリン島・清国（中国）など限られた国や地域と貿易できる「特別貿易港」制度をつくります。この制度と並行して一八八九（明治二二）年七月には「特別輸出港」制度ができました。日本人所有の船に対し、主要輸出品であった米・麦・麦粉・石炭・硫黄の五品目に限定して特別に輸出を許可するものでした。五品目は重量・容積が大きく港までの輸送費がかかるので、産出地に近い港から輸出できるようにしたのです。七月三一日、四日市港を含め九港が「特別輸出港」に指定されています。その後も木炭・セメント・硫酸・マンガン鉱・さらし粉が追加され、特別輸出港も増加しました。

やがて日本経済の発展と貿易の拡大の状況から、一八九六（明治二九）年一〇月三日に「開港外貿易港」（特別輸出入港）制度ができました（勅令第三一六号）。同年に博多（福岡県）や敦賀（福井県）など六港が指定され、翌一八九七（明治三〇）年六月二六日に四日市と静岡県清水・石川県七尾の三港が開港外貿易港に追加指定されました（勅令第二二六号）。ちなみに名古屋港が開港場となったのは一九〇七（明治四〇）年なので、それまで四日市港が伊勢湾第一の外国貿易港でした。

一八九八（明治三一）年四月二六日に日本郵船会社の汽船「伊勢丸」が、四日市港で愛知セメント会社のセメント三五〇〇樽を積んで韓国の仁川に向け出港しました。これが四日市港での海外直輸出の最初です。同年五月一七日に東京の鈴木真一所有の「住吉丸」が、清国の牛荘から大豆と豆粕（肥料）を積んで四日市港に入港します。名実ともに四日市港は外国と直接貿易する港となったのです。

翌一八九九（明治三二）年に日本は関税自主権を一部回復し、七月一三日に四日市港を含めて全国二二港が「開港場」に指定されました（勅令第三四二号。これまでの特別貿易港制度は廃止されました）。八月三〇日に汽船「秀吉丸」が牛荘から大豆一万三〇〇〇担（たん）余り（一担＝五〇キログラム）を積んで入港しています。

　四日市港は開港場として急速に成長しました。グラフ1のように貿易額は順調に増加していきます。一九〇七（明治四〇）年には外国貿易額は輸入九〇二万六〇一〇円、輸出三六一万九三三二円で、その総額は一二六四万五三四二円に達しました。開港以来貿易額がはじめて一千万円を超えたのです。四

グラフ1　外国貿易額の推移

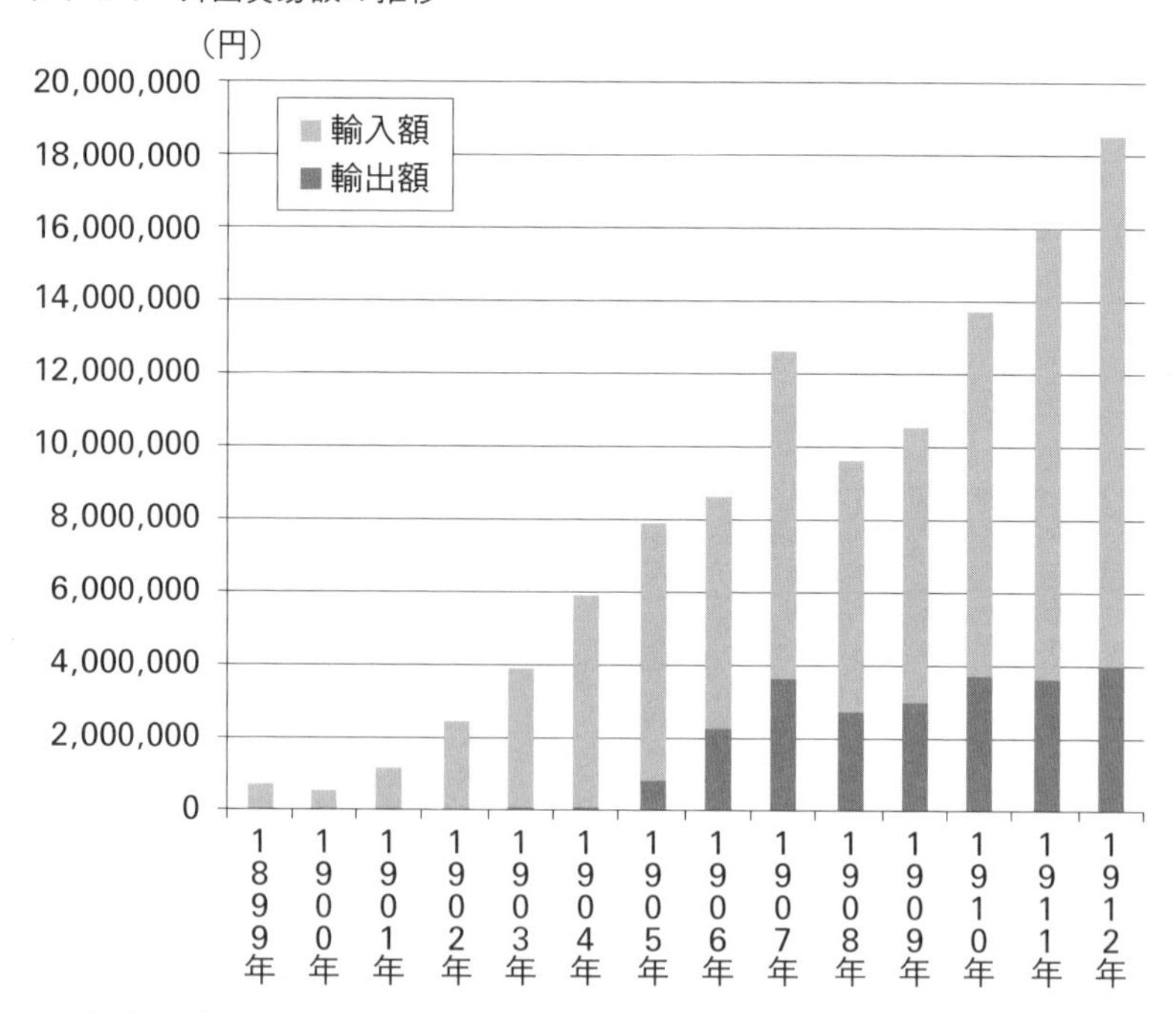

・数値は『四日市市史』（1961年発行）によった。

日市港の外国貿易額は、横浜・神戸・大阪・門司（福岡県）・長崎に次いで全国第六位でした。一九二〇（大正九）年代以降、名古屋港の急速な発展によっていくぶんその勢いを失いますが、貿易額は依然として全国第六位ないし第七位の地位を維持しました。

　開港した一八九九年から一九二〇年までの対外輸入額の上位品目は、綿花・豆粕・米（籾も含む）で、輸出額の上位品目は、綿製品（綿糸・綿布）・茶・陶磁器でした。なかでも綿花の輸入と綿製品の輸出額は他を圧倒していました。これは四日市及びその近郊で綿工業が盛んとなり、原料の綿花を海外から輸入して、綿製品を輸出していたからです。その中核を担っていたのが三重紡績株式会社（一九一四年に大阪紡績株式会社と合併して東洋紡績株式会社となります）でした。グラフ1を見て圧倒的に輸入額が多いのは、綿製品が国内で消費されたり、輸出される場合でも神戸・大阪・名古屋港から輸出されたりしたためです。

　一九〇二（明治三五）年、三井物産会社の「愛宕山丸」が上海から綿花を積んで四日市港に入港しました。これが四日市港最初の綿花輸入とされています。綿花の輸入は一九〇七（明治四〇）年にそれまでの豆粕を抜いて輸入の首位となりました。以来一九三三（昭和八）年に羊毛に譲るまでその座を保持するのです。一九一三（大正二）年から大阪商船のボンベイ航路船によるインド産綿花の直輸入がはじまりました。翌一四年から二〇年にかけて綿花輸入額は総輸入額の八〇パーセント以上（総輸出入額の七〇パーセント以上）を占めていたように、四日市港は「綿花輸入港」となったのです。
一方、輸出品である綿布について、四日市港と名古屋港との輸出額を見ると表1のようになります。四日市港では一九一九（大正八）年から急減して一九二〇年代はほぼ皆無の状態となりました。反面、名古屋港では一九二〇年以降急増していることがわかります。かわって一九二〇年代から三〇年代の最大の輸出品は陶磁器となりました。

表1　綿布の輸出額比較
（単位：千円）

年	四日市港	名古屋港
1907	2,591	0
1908	2,110	223
1909	1,587	187
1910	1,585	725
1911	1,741	503
1912	2,352	792
1913	1,756	925
1914	1,268	1,358
1916	893	1,667
1917	1,200	3,192
1918	1,890	5,677
1919	136	5,051
1920	1	5,151
1924	30	11,605
1925	14	13,267
1927	2	14,598
1928	4	15,637
1929	0	27,593

・『四日市市史』第18巻　通史編　近代

商工業・金融業の発展と四日市港

四日市港の修築事業が進み、外国貿易港となる過程で、商工業の発展もみられました。特に国内では一八八六（明治一九）年から一八八九（明治二二）年にかけて第一次企業勃興期（会社設立ブーム）、一八九五（明治二八）年から一九〇〇（明治三三）年に第二次企業勃興期を迎えます。

この時期には四日市港付近の町（稲葉町・高砂町・北納屋町・中納屋町・蔵町・浜町・浜田など）でも会社が多く設立されました。三重紡績株式会社と関西鉄道株式会社はその代表格と言えるでしょう。

三重紡績株式会社は、一八八二（明治一五）年に伊藤伝七（九世）が三重郡川島村（四日市市）に建設した三重紡績所が前身となります。創業当初は水力を動力としていましたが、水量が不安定で十分な利益があげられませんでした。そこで一〇世伝七になって渋沢栄一の助言・資金援助を受け、規模を拡大し、動力も蒸気機関に変えて四日市に会社を設立することに決め、一八八六（明治一九）年に三重紡績会社を発足することになりました。八八（明治二一）年に本社工場が四日市浜町に完成しました（川島村の工場は同社の分工場となりました）。その後一八九三

（明治二六）年の旧商法の一部施行にともない三重紡績株式会社となります（のちの東洋紡績株式会社）。

関西鉄道株式会社は、本社を浜田に置いて、一八八八（明治二一）年三月に東海道線の草津（滋賀県）と四日市間、四日市と桑名間の敷設(ふせつ)許可をうけると、八月より草津・四日市間の工事を開始し、九〇（明治二三）年一二月に開通しました。これによって東海道線と四日市が接続したことになります。その後もルート延長や他の鉄道会社の買収を重ね、一八九五（明治二八）年五月に四日市・桑名間を開通、一一月に草津・名古屋間が開通、九八（明治三一）年一二月には名古屋・大阪間が全通します。なお、同社と港湾業者の出資により、四日市停車場（現在のＪＲ四日市

写真10　港の背後に工場群が見える（戦前絵はがき）

駅）近くまで船運を可能とする「関西堀」と呼ばれる運河が開かれます。
そのほかの企業勃興期に設立された諸会社を紹介します。

一八八二（明治一五）年　便宜合資会社　中納屋町
一八八六（明治一九）年　岡田織工場　西町
一八八六（明治一九）年　清涼舎（駒田作五郎）浜町
一八八七（明治二〇）年　四日市製紙会社　浜町
一八八七（明治二〇）年　三重土木株式会社　新町
一八八七（明治二〇）年　日本精米会社　稲葉町
一八八八（明治二一）年　四日市製油会社（渋沢栄一ら）浜町
一八八八（明治二一）年　成永株式会社　比丘尼町
一八八九（明治二二）年　内山精米所　稲葉町
一八八九（明治二二）年　正糠会社　稲葉町
一八八九（明治二二）年　四日市製油場　浜町
一八九〇（明治二三）年　米精株式会社　稲葉町
一八九一（明治二四）年　清涼舎（河合善蔵）浜町

一八九二（明治二五）年　共同精米会社　稲葉町
一八九二（明治二五）年　四日市栄水株式会社　北條町
一八九四（明治二七）年　伊勢紡績株式会社　稲葉町
一八九五（明治二八）年　合資会社三重雑貨商会　蔵町
一八九五（明治二八）年　四日市倉庫株式会社（伊藤伝七ら）　北納屋町
一八九六（明治二九）年　三重電灯株式会社　北條町
一八九六（明治二九）年　伊勢精米合資会社　稲葉町
一八九六（明治二九）年　三重屑物合資会社　浜町
一八九六（明治二九）年　四日市回漕合資会社（山中伝四郎・稲葉三右衛門ら）　北納屋町
一八九六（明治二九）年　伊勢精米合資会社　稲葉町
一八九七（明治三〇）年　合資会社三重鉄工所　高砂町
一八九七（明治三〇）年　四日市海陸物産株式会社　南納屋町
一九〇〇（明治三三）年　三重精米株式会社　稲葉町
一九〇〇（明治三三）年　合資会社メリヤス商会　高砂町

こうした交通・商工業の新興と交易の需要に呼応して、四日市港の周りには金融機関が早くからあいついで設置されました。

一八七六（明治九）年　三井銀行四日市支店　浜町（一九〇五年一〇月閉店）
一八七八（明治一一）年　第四十四国立銀行四日市代理店　稲葉町（一八八二年第三国立銀行に買収され閉店）
一八八四（明治一七）年　第一国立銀行四日市支店　浜町
一八八七（明治二〇）年　第百二十二国立銀行四日市支店　中納屋町（一九〇一年廃止）
一八九六（明治二九）年　四日市銀行（三重銀行、三十三銀行の前身）蔵町
一八九六（明治二九）年　武蔵商業銀行四日市支店　中納屋町（一九〇三年廃業）
一九〇一（明治三四）年　愛知銀行（東海銀行の前身）四日市支店　蔵町
一九〇二（明治三五）年　丸八貯蓄銀行四日市支店　中町
一九〇五（明治三八）年　左右田貯蓄銀行四日市支店　蔵町（一九二七年閉鎖）

四日市港築港問題の浮上

四日市港は一八九七（明治三〇）年に開港外貿易港（特別輸出入港）、一八九九（明治三二）

年に開港場として指定されましたが、その前後に港湾設備の拡充を急ぐ「築港問題」が持ち上がってきました。隣の愛知県で進みつつあった名古屋港築港への警戒感もその背景にあったのです。

一八九七（明治三〇）年に市制が施行され、「三重郡四日市町」から「四日市市」となった市政当局は、「築港設計委員会」を設けるなど築港に向け積極的に動きます。「これまでのような工費二、三百万円の設計では到底完全な築港は期待できない。たとえ五〇〇万円の費用を要しても今回は是非決行する」との覚悟でした。

一八九九（明治三二）年八月に三重県を通して国に働きかけ、内務省土木局の第四土木監督署長原田貞介の指揮のもと測量と設計を行っています。この工事計画は一〇か年継続事業で、工費予算は六八三万円に及ぶものでした。

一方、市民レベルでも一部の有識者のなかで築港を求める声が高まって築港期成会が組織されたり、実業や実業教育に従事する者によって好友会が組織されました。好友会は一九〇〇（明治三三）年五月一九日に築港の「陳情書」を四日市市に提出しています。

当時、三重県知事だった小倉信近（任期00・2・19〜00・10・31）は四日市市の動きに同調し、同年一一月下旬の通常県会で県事業として取り上げる旨の諸問案を提出する意向でしたが、一〇月三一日に突然群馬県知事として転任が決まり、築港問題は白紙に戻りました。一一月三日の伊勢新聞ではこの状況を「木から落ちた猿」と表現しています。四日市市会は、小倉前知事の意思を継承してもらうよう、新たに就任した古荘嘉門知事（任期00・10・31～04・11・17）に託すこととなりました。三重県から四日市市へ「県経済で築港をするなら四日市市はどれくらいの負担をするべきなのか、また市の事業として築港を行うときは県費の補助をどれくらい受けるつもりなのか」と具体的な想定金額を照会しています。これをうけて四日市市会で話し合い、一一月八日に「県の事業とする場合、四日市市の負担は五〇万円、市の事業とする場合二三五万円を市の負担とする」と回答し、築港委員を新たに六人増員しています。

三重県会で築港問題が話し合われたのは一二月一八日です。具体的な内容は、四日市築港に関する調査を実施するために、三重県委員（県会議員六人、県官吏員三人）を設置するかどうかというものでしたが、質疑応答の応酬の末、否決されました。「県が築港をするべきかそうでないかは、いまだ確定していない現状で、県の事業として府県制第七七条を応用して委員を設けるのはおかしい」という議員発言が否決の決定打となりました。このため四日市港築港問題は本格的な議論に入る手前で挫け飛んでしまったのです。

運河・港内の整備

船の航行を妨げる原因となる港内に堆積(たいせき)した土砂を取り除く浚渫(しゅんせつ)作業は、定期的に行うべき港の維持管理策の一つです。四日市港も例外ではなく、土砂の堆積に絶えず悩まされてきました。すでに一八七八(明治一一)年にヨハネス・デ・レーケが四日市港の様子を測量した際にも、築港以来四年間でおよそ一尺(約三〇センチ)も水深が浅くなったと国へ報告しています。それが、稲葉三右衛門が運河(澪筋)を開削してから十数年経って「四尺から七、八尺」も堆積して、干潮時には運河の底が(露出して)乾き、悪臭が鼻を突くような状況で、実際に艀(はしけ)(沖合に停泊した本船と港を往復して荷物の積み下ろしをする小型船)が航行できるのは日中のわずか二時間ほどで、潮位次第では本船との連絡もままならないことが常態化していました。

四日市でも一八九五(明治二八)年ごろより町会(一八九七年に市となるので、それ以前の四日市町の議会)において浚渫の必要性がしばしば議論され、町では委員会を設置して調査に乗り出していました。十二日会や好友会など四日市財界有識者の組織による運動も高まっていったのです。一九〇〇(明治三三)年五月二八日には好友会が、運河の浚渫が焦眉(しょうび)の急務であるとの意見書を四日市市に提出しました。

市は当初、築港問題を優先し、浚渫問題は後回しにする向きもありましたが、すでに述べたとおり同年一二月の県会において築港問題が頓挫（とんざ）すると、市会では経済調査委員会を設けて前向きな姿勢を見せ、十二日会や商業会議所の強い要望も加わり、一九〇二（明治三五）年四月と七月に市会で浚渫事業が可決し、一〇月より開栄橋以南から蓬莱（ほうらい）橋を経て湾内に至る運河の浚渫工事が着工されました。工期は延長されましたが、開栄橋以北から三重紡績会社前と湾内の一部を除いて翌年七月に完了しました。

その後、名古屋港の築港が着々と進むと、大型船の船脚に対応しうる水深をもつ港の整備を急がなければ、名古屋方面の貨物が四日市港を経由せず名古屋港へと流れ、四日市港が大きな損害を被ってしまうのではないかとの危機感が高まっていきました。そのため、一九〇五（明治三八）年以降再び四日市港の浚渫や港湾設備の充実を図る世論が高まりました。市や県が中心となって国による財源補助を得ながら、明治末期から大正・昭和前期にかけて、尾上（おのえ）町・末広（すえひろ）町・千歳（ちとせ）町といった埋立地が誕生するなど、大いに整備・拡張されてゆくことになるのです。そのため稲葉三右衛門たちが修築を手がけた港は「旧港」と呼ばれるようになったのです。

稲葉三右衛門と四日市築港事業の年表

西暦	和暦	四日市港に関連するできごと	全国のできごと
1707	宝永4	10月　宝永の大地震がおきる	
1724	享保9	四日市町が大和郡山藩領となる。四日市町の商家213軒中、干鰯商人は52軒	享保の改革
1795	寛政7	四日市町の干鰯商人が株仲間を結成する。株仲間の一員に「稲葉屋三右衛門」の名が確認できる	寛政の改革
1801	享和元	四日市町が再び天領となる。四日市町の商人394人中、干鰯商人は39人	
1808	文化5	阿瀬知川の流路変更工事が行われ、それにともない港が改修される	
1833	天保4	このころ廻船新田に灯明台が建造される	1830年　おかげ参りの流行
1837	天保8	9月　稲葉三右衛門が誕生する	天保の改革
1830～1844	天保年間	このころ四日市港の大改築が行われる	
1854	嘉永7 安政元	6月・11月　2度の「安政の大地震」で港に大きな被害。昌栄新田の「大手堤」が崩れる	1853年　ペリー来航
1855	安政2	4月　高潮で昌栄新田・廻船新田・寅高入新田に海水が入り込む／この年、稲葉三右衛門が家督を継ぐ（6代目）	
1860	安政7 万延元	5月　高潮で昌栄新田が壊滅的な打撃を受け、大半が海没する	桜田門外の変
1863	文久3	廻船問屋・干鰯問屋らが600両を出して港の改修を行う	

西暦	和暦	事項	一般事項
1864	文久4 元治元	このころ稲葉三右衛門、「たか」と結婚。長子甲太郎が誕生	
1865	元治2 慶応元	9月　田中武兵衛・稲葉三右衛門ら5人の連名で、修築費を確保するための方法を信楽代官所に願い出る	1868～69年 戊辰戦争
1869	明治2	四日市・東京品川間の貨物輸送をになう東海道蒸気通船会社が設立	
1870	明治3	9月　高潮で昌栄新田が消滅し一帯が浅瀬となる 10月　廻漕会社の支店が北納屋町に置かれ、東京・四日市間で蒸気船による貨客定期輸送がはじまる	
1872	明治5	3月　県庁が四日市に移転し、安濃津県が三重県と改称される（76年4月に度会県と合併。現三重県となる） 11月　稲葉三右衛門と田中武右衛門が「当港波戸場建築灯明台再興之御願」を三重県に提出	新橋・横浜間に鉄道開通
1873	明治6	3月　稲葉三右衛門と田中武右衛門が「当港波戸場并灯明台建築港口瀬違堀割御願」を三重県へ提出し、工事に着手（7月に国から正式な許可が出る） 8月　資金調達が困難となり、協力者の田中武右衛門が工事から手を引く 12月　農産会社の安永弘行との共同事業計画	地租改正
1874	明治7	3月　稲葉三右衛門、資金不足により工事継続を断念 6月　開産弘業の梅田耕路との共同事業計画 9月ごろ　小野組との共同事業計画	
1875	明治8	1月　新たな協力者が見つかるまでと県営事業に切り替わる 5月　埋立新開地が稲葉町・高砂町と命名される 8月　稲葉三右衛門が兄吉田耕平を身元引受人として工事再開の許可を願い出る	

西暦	和暦	四日市港に関連するできごと	全国のできごと
1876	明治9	3月　大阪上等裁判所に県を相手取り提訴するが退けられる 11月　東京上等裁判所へ提訴 12月　地租改正反対一揆で高砂町焼け野原となる	
1877	明治10	6月・7月　県営の修築事業が中断	西南戦争
1878	明治11	6月　東京上等裁判所から判決が下される。稲葉三右衛門敗訴／県が再び修築事業に乗り出す（巨大四日市港構想） 7月　デ・レーケが四日市港視察 10月　デ・レーケが四日市港に関するレポートを国に提出 11月　武田弘造が稲葉三右衛門を訴え出る	
1879	明治12	5月　巌谷脩が稲葉三右衛門を訴え出る 10月　デ・レーケが四日市港に関するレポートを国に提出／内務省土木局から国費による修築事業は困難と回答がくる 11月　県は稲葉三右衛門の自費での工事再開を大筋で認める	
1880	明治13	6月ごろ　稲葉三右衛門、東京へ向かう途中行方不明になる	
1881	明治14	3月　内務省より稲葉三右衛門による工事の許可が下りる（250日間で竣工を目指す） 5月　工事着手	
1882	明治15	1月　工事期間の150日間延期願を提出 6月　工事期間の200日間延期願を提出（許可下りず、事実上工事終了か） （この時点で高砂町海岸石垣のみようやく工事完了） 9月　内務省土木局が四日市港海底の測量に着手	

西暦	和暦	事項	
1883	明治16	5月　稲葉三右衛門が水谷孫左衛門らと四日市・関ヶ原間の鉄道敷設を請願	
1884	明治17	4月　濃勢鉄道の敷設請願に稲葉三右衛門も連名 （5月　これまで築港工事完成とされてきた） 6月　臨時県会で「四日市築港」が議論される 7月　岩村県令が転任 9月　稲葉三右衛門へ褒賞授与の動きがおきる	
1885	明治18	10月　稲葉三右衛門が県に「四日市両波止残業仕様概算書」・「四日市港新開地残業仕様概算書」を提出する	
1886	明治19	5月　稲葉町で灯台の建設がはじまる 7月　灯台が落成。8月から運転がはじまる	
1887	明治20	8月　デ・レーケ、四日市港を実地点検。測量指示	
1888	明治21	10月　稲葉三右衛門が藍綬褒章を受章 11月　県会で四日市港波止場修築が取り上げられる	
1889	明治22	4月　市制・町村制が施行され、四日市町が誕生する／九鬼紋七・稲葉三右衛門ら8名が三重県に自費による四日市港埋立工事を請願 7月　四日市港が特別輸出港に指定される 9月　暴風雨により四日市港に大きな被害が出る 11月　県会で四日市港修築の地方税補助について話し合われる	大日本帝国憲法の発布 東海道線（新橋・神戸間）の全通
1892	明治25	7月　町会で港に仮標的を建てることが決まる 11月　県会で四日市港波止場修補の予算が認められる	

西暦	和暦	四日市港に関連するできごと	全国のできごと
1893	明治26	4月 稲葉家の茶道具・書画が競売にかかる 9月 四日市港波止場の修築工事がはじまる	
1894	明治27	4月 四日市港波止場が竣工 5月 波止場開業式／「波止改築紀年碑」が建造される 8月 稲葉三右衛門が日本郵船会社荷扱問屋として開業	日清戦争
1896	明治29	8月 台風で波止場が大破 11月 稲葉三右衛門が実兄山中伝四郎らと四日市回漕合資会社を開業	
1897	明治30	1月 県会で波止場修補予算が認められる 6月 四日市港が開港外貿易港に指定される 8月 四日市町が市制を施行し四日市市となる	
1898	明治31	3月 波止場修築工事がはじまる 8月 波止場が落成（服部長七による人造石を使用した「潮吹き防波堤」） 11月 波止場落成式典を挙行	
1899	明治32	7月 四日市港が開港場に指定される	
1900	明治33	5月 好友会が築港の陳情書と運河に関する意見書を四日市市に提出する この年、内務省土木局原田貞介による四日市築港計画が発表されるが、11月開会の三重県会で否決される	
1902	明治35	10月 四日市港内・運河の浚渫工事がはじまる（03年7月、一部を除き完了）	

西暦	和暦	出来事	社会の動き
1904	明治37	2月　「稲葉三右衛門君彰功碑」完成 5月　「稲葉三右衛門君彰功碑」の除幕式を挙行	日露戦争
1905	明治38	（このころより再び四日市港の浚渫や拡張について世論が高まっていく）	
1914	大正3	6月　稲葉三右衛門が死去する	第一次世界大戦
1928	昭和3	8月　稲葉三右衛門銅像の除幕式典を挙行	
1956	昭和31	11月　稲葉三右衛門銅像が再建される	

おわりに

四日市港の歴史の本を出版することは私の長年の夢であり目標でした。それが実現しとてもうれしく充実した気持ちです。

本書は、小中学生から一般の方々までを読者として想定しました。『三重県史』という自治体史を編纂（へんさん）する職場に勤務していたとき、小学生や中学生から四日市港の歴史について質問を受けることがありましたが、お薦めできる本がないことに気づきました。もちろんまったくないわけではありませんが、仕事柄あまり科学的でない本を薦めることがためらわれたのです。「科学的でない」とは、歴史学的な手段をふんでいないという意味です。歴史的な資料にもとづかないセリフがある「偉人伝」調だったり、明らかな事実の誤認がみられたりするということです。

そういうわけで本書は、歴史資料にもとづき、且つわかりやすく書くことをこころがけました。しかし、いざ書き終えると、小中学生にはとても難しい内容になってしまいました。自分のなかでやさしく書きたいという思いと、できるだけ詳しく正確に書きたいという思いがぶつかり合った結果の産物です。

この本を読んでいただいて、どのような感想をもっていただけたでしょうか。ひょっとしたら、歴史ロマンがないと感じた方がみえるかもしれません。これまで語られてきた稲葉三右衛門の四日市港修築事業は、苦難を乗り越えて港を完成させたサクセスストーリーや、私財をなげうって公益に尽くしたという「ドラマ」のようなストーリーだったのに、本書では、稲葉三右衛門は造成地や運河はつくったが、波止場は手がけていなかった。投じた工費の回収をつねに計画していた。藍綬褒章（らんじゅほうしょう）の受章も周囲のさまざまな思惑が絡んでいたということになったのですから。

でも、稲葉三右衛門の四日市発展への強い思い、不屈さ、たくましさ、将来を見すえたプロデュース力、行政との間にみせた頑固さや交渉力、利益を追求する商人としての才覚など、人間味溢れる三右衛門の姿を伝えられたのではないかと思います。また彼が生きた時代背景や、周囲の人びとの支えがあったからこそ、三右衛門は持てる力を存分に発揮し、歴史に名を残すことができたということも。法が整備され、港湾の維持管理は国や地方行政が行うものと決まっていた時代であれば、稲葉三右衛門が歴史の表舞台に登場することはなかったでしょう。

私たちは、これらを含めて稲葉三右衛門の四日市港修築事業とはどういうものであったのかを、とらえ直す必要があるのではないかと思います。

実は、もう一つ湧いてきた気持ちがあります。それは一種の恐怖心です。私の執筆の原動力は誤った情報が多い四日市港修築事業史を訂正することだったわけですが、今後は自分が検証される立場になったという「こわさ」が出てきたのです。

歴史は資料の解釈や新資料の発見によって塗り替えられます。将来、本書も誤った四日市港の歴史を広めたとの評価を受けるのではないか。それは科学の発展という意味では喜ばしいこととは理解していますが…。複雑な心境です。歴史を描く責任の重みを感じています。

最後に、本書の刊行に際し貴重な資料の利用にご理解とご協力を賜りました河合貴美様、四日市市立博物館、三重県総合博物館、元三重県史編さん班（現歴史公文書班）の皆様に深く感謝申し上げます。

主な参考文献（本文中に掲げたものは省略したものもある）

・三重県『三重県史』通史編　中世　三重県　二〇二〇年
・三重県『三重県史』通史編　近世2　三重県　二〇二〇年
・三重県『三重県史』通史編　近現代1　三重県　二〇一五年
・四日市市教育会編『四日市市史』一九三〇年（名著出版　一九七三年復刻版）
・四日市市『四日市市史』第六巻　史料編　絵図　四日市市　一九九二年
・四日市市『四日市市史』第十巻　史料編　近世Ⅲ　四日市市　一九九六年
・四日市市『四日市市史』第十一巻　史料編　近代Ⅰ　四日市市　一九九二年
・四日市市『四日市市史』第十一巻　史料編　近代Ⅱ　四日市市　一九九三年
・四日市市『四日市市史』第十七巻　通史編　近世　四日市市　一九九九年
・四日市市『四日市市史』第十八巻　通史編　近代　四日市市　二〇〇〇年
・四日市市『四日市市史』第二十巻　年表・索引編　四日市市　二〇〇二年
・石原佳樹「内海船と四日市をめぐる流通」日本福祉大学知多半島総合研究所編『知多半島の歴史と現在』8　校倉書房　一九九七年

・秦　昌弘「稲葉三右衛門による築港事業の起業と挫折」四日市市立博物館編『四日市市立博物館研究紀要』第6号　四日市市立博物館　一九九九年
・石原佳樹「幕末期勢州四日市湊における干鰯・〆粕取引の一形態―内海船船持内田佐七家出店の商活動を事例に」日本福祉大学知多半島総合研究所編『知多半島の歴史と現在』12　校倉書房　二〇〇三年
・石原佳樹「稲葉三右衛門による四日市修築事業の再考―稲葉家文書からみた三右衛門の実像」『三重県史研究』第19号　三重県　二〇〇四年
・石原佳樹「重要文化財「潮吹き防波堤」の築造について―新聞、県会・市会の史料紹介を兼ねて」『三重の古文化』100号記念特集　三重郷土会　二〇一五年
・落合　功『近世の地域経済と商品流通―江戸地廻り経済の展開』岩田書院　二〇〇七年
・松本四郎『幕末維新期の都市と経済』校倉書房　歴史科学叢書　二〇〇七年
・四日市市教育会編『四日市港史』四日市市教育会　一九三六年
・西　正一郎編『躍進の四日市』四日市市役所　一九三六年
・三重県『三重県会史』第一巻　三重県　一九四二年
・高橋静雄編『四日市商業会議所五十年史』四日市商工会議所　一九四三年
・四日市港管理組合『四日市港のあゆみ』四日市港管理組合　一九八七年

資料提供者・出典一覧

図3　四日市市史（昭和5年）口絵（転載）
図4　四日市市史　第6巻　史料編　絵図（転載）（四日市耕地字図（四日市市立博物館所蔵井島文庫）
図6　四日市市立博物館寄託　稲葉三右衛門肖像画（神奈川県　河合貴美氏所蔵）
図7　三重県総合博物館所蔵　元昌栄新田実測図及見取図／浜田村往還東全図并元野寿田新田現今水中ニ属スル図
図8　四日市市立博物館所蔵　稲葉家文書
図9　四日市市立博物館所蔵　稲葉家文書
図10　四日市市立博物館寄託資料　四日市港修築之図（神奈川県　河合貴美氏所蔵）
図11㊤　国立公文書館所蔵　三重県下四日市港波戸場修繕ノ儀伺
㊦　四日市市立博物館所蔵　稲葉家文書
図12　四日市市立博物館所蔵　稲葉家文書
図13　四日市市立博物館所蔵　稲葉家文書

図14　三重県総合博物館所蔵　三重郡四日市波止場横断図
図15　三重県総合博物館所蔵　三重郡四日市縮図
図16㊤　国立公文書館所蔵　三重県平民稲葉三右衛門へ藍綬褒章授与ノ件
　㊦　三重県総合博物館所蔵　四日市港近傍町村之図
図17　四日市市所蔵　明治廿二年五月　町会事務書類綴　庶務掛
図18　伊勢新聞　明治27年8月15日
図19　四日市市立博物館所蔵　稲葉家文書
図20　四日市市所蔵　明治廿二年五月　町会事務書類綴　庶務掛
図21　四日市市所蔵　明治二十五年　町会書類　四日市町役場

写真2　三重県総合博物館所蔵　絵はがき
写真4　伊勢新聞　昭和3年8月10日
写真5　躍進の四日市（昭和11年）挿図（転載）

※その他は著者所蔵資料、作製、撮影。

著者プロフィール

石原 佳樹（いしはら よしき）

1970年、愛知県生まれ、三重県出身。新潟大学人文学部卒。

1994年4月、三重県立菰野高等学校に地理歴史科の教諭として勤務。

2001年4月、三重県職員として三重県環境生活部文化振興課県史編さん班に勤務。

2020年4月、三重県立北星高等学校（通信制）の地理歴史科教諭として現在に至る。

共著として、毎日新聞社津支局編／三重県史編さんグループ著『発見！三重の歴史』（新人物往来社、2006年）、毎日新聞社津支局編／三重県史編さんグループ著『続　発見！三重の歴史』（新人物往来社、2008年）、毎日新聞社津支局編／三重県史編さんグループ・三重県立博物館学芸員著『新視点　三重県の歴史』（山川出版社、2013年）、毎日新聞社津支局編／三重県総合博物館学芸員・三重県史編さん班著『続新視点　三重県の歴史』（山川出版社、2014年）がある。

四日市港ができるまで
—四日市港の父・稲葉三右衛門と修築事業—

2023年10月15日　初版第1刷発行

著　者　石原 佳樹
発行者　瓜谷 綱延
発行所　株式会社文芸社
〒160-0022　東京都新宿区新宿1－10－1
電話　03-5369-3060（代表）
03-5369-2299（販売）

印刷所　株式会社フクイン

ISBN978-4-286-24616-1